電気・電子系 教科書シリーズ **26**

高電圧工学（改訂版）

博士(工学) **植月 唯夫**

博士(工学) **箕田 充志**

博士(工学) **石倉 規雄** 共著

博士(工学) **松原 孝史**

コロナ社

刊行のことば

　電気・電子・情報などの分野における技術の進歩の速さは，ここで改めて取り上げるまでもありません。極端な言い方をすれば，昨日まで研究・開発の途上にあったものが，今日は製品として市場に登場して広く使われるようになり，明日はそれが陳腐なものとして忘れ去られるというような状態です。このように目まぐるしく変化している社会に対して，そこで十分に活躍できるような卒業生を送り出さなければならない私たち教員にとって，在学中にどのようなことをどの程度まで理解させ，身に付けさせておくかは重要な問題です。

　現在，各大学・高専・短大などでは，それぞれに工夫された独自のカリキュラムがあり，これに従って教育が行われています。このとき，一般には教科書が使われていますが，それぞれの科目を担当する教員が独自に教科書を選んだ場合には，科目相互間の連絡が必ずしも十分ではないために，貴重な時間に一部重複した内容が講義されたり，逆に必要な事項が漏れてしまったりすることも考えられます。このようなことを防いで効率的な教育を行うための一助として，広い視野に立って妥当と思われる教育内容を組織的に分割・配列して作られた教科書のシリーズを世に問うことは，出版社としての大切な仕事の一つであると思います。

　この「電気・電子系 教科書シリーズ」も，以上のような考え方のもとに企画・編集されましたが，当然のことながら広大な電気・電子系の全分野を網羅するには至っていません。特に，全体として強電系統のものが少なくなっていますが，これはどこの大学・高専等でもそうであるように，カリキュラムの中で関連科目の占める割合が極端に少なくなっていることと，科目担当者すなわち執筆者が得にくくなっていることを反映しているものであり，これらの点については刊行後に諸先生方のご意見，ご提案をいただき，必要と思われる項目

については，追加を検討するつもりでいます。

　このシリーズの執筆者は，高専の先生方を中心としています。しかし，非常に初歩的なところから入って高度な技術を理解できるまでに教育することについて，長い経験を積まれた著者による，示唆に富む記述は，多様な学生を受け入れている現在の大学教育の現場にとっても有用な指針となり得るものと確信して，「電気・電子系 教科書シリーズ」として刊行することにいたしました。

　これからの新しい時代の教科書として，高専はもとより，大学・短大においても，広くご活用いただけることを願っています。

　1999 年 4 月

編集委員長　高 橋 　 寛

ま　え　が　き

　高電圧工学は，放電および絶縁破壊の基礎理論から，今日の超超高圧 (ultra-high voltage，UHV) 送電を支える絶縁技術や高電圧機器，そして高電圧エネルギーによる粒子加速器や放電を利用した電子コピー機などの多数の応用までを扱う興味深い学問である。また，最近では，応用範囲の広い放電プラズマ工学や高電圧パルスパワー工学などの新しい技術が注目され，高電圧工学の重要性は今後ますます高まっていくものと思われる。

　この分野では，古くから著名な研究者により多数の書籍が出版されている。著者らは，高専や大学での高電圧工学の教科書に数ある名著の中から，学生の興味を引きそうなもの，わかりやすいもの，そして量的に適当なものを選び講義をしてきた。それらの書籍は，高電圧現象がきちんと体系化され，理路整然とした説明で非常に教科書としてよかったが，ビジュアル的に理解を助ける絵や写真がもう少し欲しい感もあった。そのような折，初めて高電圧工学を学ぶ高専あるいは大学の学部学生のために，絵や写真を多用したよりわかりやすい教科書つくりの話があった。近隣高専の高電圧授業担当者が集まり，全編を15章構成にしてシラバスと対応しやすくすること，多くの書籍を参考にしてできるだけ平易な説明に努めること，図や絵，写真をできるだけ多用することなどを話し合った。そして唯々わかりやすい教科書をつくろうという気持ちで，浅学を省みず執筆することになった。

　執筆にあたり多くの書籍および資料を参照させていただいた。また，絵や写真を引用させていただいたところも多々ある。これらの参考資料は，各章ごとに参考文献として挙げ敬意を表した。執筆分担は，*2〜6* 章の放電理論とプラズマ基礎および *12* 章の高電圧測定を植月が，*10* 章の電界と絶縁および *13〜15* 章の高電圧機器，高電圧試験，高電圧応用を松原が，そして，*1* 章の高

電圧工学の概要と *7～9* 章の液体，固体，複合誘電体の絶縁破壊および *11* 章の高電圧の発生を箕田が担当した。各章にコーヒーブレイクを設け関連した興味ある話題を挙げた。また，各章に5，6題の演習問題も付けているので理解を深めるためにも挑戦してほしい。

昨今の高電圧技術の進歩と変遷により，一変した技術も少なくなく，筆者らの思い違いによる不適当な記述があれば，是非ご叱正をお願いしたい。ともあれ，本書が高電圧工学を学ぶ学生の理解を少しでも助けるものになれば幸甚である。

終りに，本書の執筆にあたりコロナ社の協力はもとより，本教科書シリーズの編集委員である江間　敏先生には，全体を通じて種々有益なご助言，ご指導をいただいた。ここに厚く感謝の意を表す。また，超電導マグネットの写真は核融合科学研究所に，分流器・分圧器などの資料はパルス電子技術(株)に，無誘導同軸シャントの写真およびデータは(株)トーヘンおよび(株)東芝の谷口安彦氏に，またシンクロトロンの写真は高エネルギー加速器研究機構にご提供いただいた。そして，高電圧機器全般の写真やデータ収集は，中国電力(株)倉吉電力所にご協力をいただいた。ここに記して感謝の意を表す。

2006 年 1 月

著　　　者

改訂にあたって

本書は 2006 年に初版を発行して以降多くの大学，高専で採用されてきた。発行当時，広く慣用していた図記号を用いたが，変更された図記号が普及されたことに伴い，今回，現行の JIS 対応に修正を行った。

併せて本文の見直しを行うとともに，新たな技術や章末の演習問題をいくつか追加した。演習問題の見直しの際，新たな執筆者として石倉が加わった。

改訂にあたり，空間電荷の測定方法と電流積分電荷法の資料は松江高専の福間眞澄先生に協力いただいた。ここに記して感謝申し上げる。

2024 年 2 月

著　　　者

目　　　次

1.　　高電圧工学とは

2.　　高 電 圧 現 象

3.　電 子 放 出

4.　気体の絶縁破壊

5.　放　電　現　象

6.　プラズマの基礎

7.　液体の絶縁破壊

8.　固体の絶縁破壊

9.　　複合系の絶縁破壊

10.　　電　界　と　絶　縁

11.　　高　電　圧　の　発　生

12.   高電圧と大電流の測定

13.   高 電 圧 機 器

14.　　高電圧絶縁試験

15.　　高　電　圧　応　用

1

高電圧工学とは

　高電圧と聞くと，とっさに「雷」や「感電」といった恐ろしいイメージを抱く。しかし，高電圧工学は，われわれの生活を支える最も重要な学問や技術の一つである。また，身の回りを見ると，いろいろなところで電気を使っていることに気づく。高電圧工学はこれら電気を利用する技術の中で，とても重要な役割を果たしている。

　本章では高電圧工学の学術的・技術的位置づけについて説明する。

1.1　自然界における高電圧

　雲の上でゴロゴロ鳴って，ある時は激しい光とともに大きな音を発して落ちてくる雷（lightning）は，太古から人々に雷様として怖がられてきた。雷の正体は電気であり，数千万〜1億Vの**高電圧**（high voltage）であるといわれている。

　雷を電気現象として明らかにしたのは，フランクリン（Franklin, Benjamin）[†] が1752年6月に行った凧の実験であった。**図 *1.1*** に示すように雷雲に向かって凧をあげ，静電気をライデンびん（Leyden jar）にためて放電させることで雷の正体は電気であることを証明した。

　フランクリンの実験[††]以来，多くの研究者によって雷現象の解明が行われて

[†]　アメリカの科学者・政治家（1706-1790）。科学者として避雷針を考案し普及させた。独立戦争のとき外交官として活躍し，独立宣言の起草や憲法制定にも尽くした。

[††]　この実験は非常に危険であり，1758年ロシアの学者が同様の実験中雷撃を受け死亡している。

ライデンびん

図 1.1 フランクリンの実験

きたが，スケールが大きく予測や詳細な放電の観測などが困難なため，いまだ不明な部分が多い。**図 1.2** に示すように雷雲は水分が上昇気流によって空高く押し上げられ，上空で冷やされることで発生する。

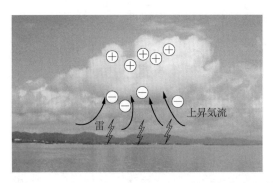

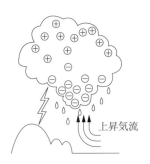

図 1.2 雷雲・雷の発生と電荷分布

　この過程において，さまざまなメカニズムによって雷雲の中で電荷が発生する。多くの場合，雷雲の上部は正極性の電荷分布，雷雲の下部は負極性の電荷分布となることが知られている。この電荷が地上と雲の間で放電する現象を落雷という。われわれは雷を通じて，自然界で生じる高電圧特有の物理現象を目にしている（**図 1.3**）。

図 *1*.*3* 落雷―自然界における高電圧特有の物理現象―
（音羽電機工業株式会社：OTOWA 雷写真コンテス
ト，於．群馬県大泉町（1997）より）

1.*2*　高電圧工学の役割

　電気・電子工学は，電気エネルギー関連分野，電気・電子材料関連分野，情報・通信関連分野など多様な学問体系となっている。**高電圧工学**（high voltage engineering）は，高電界領域における特有の物理現象を扱う学問であり，その理論や技術は多くの電気・電子工学に応用されている。

　高電圧工学の役割を学術的観点から見ると，高電界でなければ現れない特有の物理現象を明確にしてくれることに気づく。高電圧工学の理論によって物質

┌─ **コーヒーブレイク** ─────────────────┐

電気の危険性

　感電は電撃ともいわれ，人体に電流が流れることをいう。単に電流を感じる程度のものから，苦痛を伴うもの，筋肉が強直し呼吸困難に至り最悪の場合死亡するものまである。通常，高電圧を扱うときには電気は危険で感電に注意し，多くの場合近寄ることさえ避ける。

　一方，日常われわれは電気の中で生活を送っていて，空気のように電気を扱っているが，低圧（交流 600 V 以下，直流 750 V 以下）でもその扱いを誤ると非常に危険である。じつは，感電死亡事故の約半分は 200 V や 100 V の低圧設備で発生している。人体が感じる最小の電流は，商用周波数で約 1 mA，直流で約

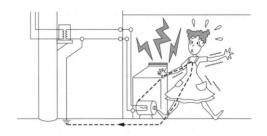

感電の仕組み

5 mA といわれている。運動の自由を失わない最大電流は商用周波数で約 16 mA，直流で約 74 mA であり，これ以上流れると生命に影響が出る。

電流の大きさに対する人体への影響

電撃の影響	直流〔mA〕		交流〔60 Hz〕	
	男	女	男	女
電流を感知し，少しちくちくする	5.2	3.5	1.1	0.7
苦痛を伴わないショック（筋肉の自由がきく）	9	6	1.8	1.2
苦痛を伴うショック（筋肉の自由がきく）	62	41	9	6
筋肉の自由がきく限界	74	50	16	10.5
苦痛を伴う激しいショック，筋肉強直，呼吸困難	90	60	23	15
心室細動の可能性あり〔通電時間 0.03 秒〕	1 300		1 000	
心室細動の可能性あり〔通電時間 3 秒〕	500		100	
心室細動が確実に発生する	上記値の 2.75 倍			

　心室細動とは，心室の不規則な部分的収縮が毎分 300～600 回繰り返される現象をいい，血液の正常な抽出がなされず，数分続くと死亡する。

　感電は人体に流れる電流によって決まるが，その回路抵抗は，人体と充電部および大地との接触抵抗，人体の抵抗によって決まる。人体の抵抗は皮膚の抵抗と人体内部の抵抗となるが，皮膚の抵抗は 1 000 V 以上になると皮膚が破壊され，0 Ω 近くまで低下する。一方，人体の抵抗は手‐足間で 500 Ω 程度である。感電の危険性は，電流の大きさ，通電時間，通電経路，電流の種類，周波数などによって決まる。表には人体の抵抗を 500 Ω としたときの電撃時間と危険電流の関係を示している。

電撃時間に対する危険電圧と危険電流の関係

電撃時間〔秒〕	1.0	0.8	0.6	0.4	0.2
危険接触電圧〔V〕	90	100	110	140	200
危険電流〔mA〕	180	200	220	280	400

を構成する電子を操ることが可能となり，特別な熱や光を利用することもできるようになった。高電圧工学の役割を技術的観点から見ると，おもに電気を**絶縁**（insulation）する技術の確立と，高電圧を用いることで実現できる応用技術の確立に貢献していることに気づく。

1.2.1 高電圧と絶縁

　電気エネルギーは，光源や音源，コンピュータや通信における信号源，モータを用いた各種動力源など多様な分野で利用されている。電気はクリーンで騒音がなく安全で瞬時に利用することが可能なため，無意識のうちに空気のような存在として扱われている。しかしながら，停電などによって電気が使えなくなると大きな混乱と被害を招く。コンピュータの発達した現在では瞬時停電でもその影響は計り知れない。電気の安定供給は現在の社会において最も重要な技術の一つとなる。これら電気の安定供給を支えているのが，高電圧工学における電気を絶縁する技術である。

　前述したように電気は空気のような存在であるが，空気も電気を使うため重要な役割を果たしている。もし空気が電気を絶縁できなかったら，電気を使うために必要なコンセントは簡単には存在できず，コンセントを設けると同時に差込口でショートするだろう。およそ 1 cm 程度の空気のギャップが電気を絶縁しているのである。電気エネルギーを送る送電線も空気で絶縁されている。このように，空気が良好な**絶縁体**（insulator or insulating material）であるため，人類は電気を利用することが可能になったとも考えられる。

　しかしながら空気もある電界を超えると，またたく間に電気を通し絶縁性能が維持できなくなる。これが絶縁破壊である。大気圧における空気の絶縁破壊電界は平等電界で約 30 kV/cm，不平等電界で約 5 kV/cm である。送電線に雷が直撃すると異常電圧が現れる。空気の絶縁が破壊されると電力機器や施設などに大きな被害が生じる。電気絶縁の重要性を身近で実感できるのは不幸にも事故が生じた時である。

　一方，送電線は高電圧化することで電力損失を抑え，大電力の供給を実現し

ている。わが国の高電圧工学の学術的・技術的レベルは世界的に優れており，電気の安定供給はトップレベルにある。**図 1.4** は高電圧工学の技術が用いられている送電線と送電電圧の推移である。

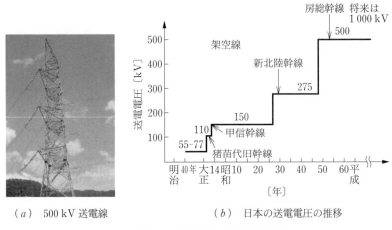

（*a*） 500 kV 送電線 　　　　　　　（*b*） 日本の送電電圧の推移

図 1.4 送電線と送電電圧の推移

　変圧器や開閉器などの電力機器は小型化すると必然的に高電界となる。電子回路も集積化に伴って高電界が形成されることが考えられる。電気を絶縁する技術がなければコンピュータも使えない。機器や技術が高性能化するにつれ絶縁設計，絶縁材料，絶縁劣化診断技術など，高電界における電気絶縁技術は今後ますます重要となる。つまり，電気を利用する技術を支えているのが高電圧工学の役割の一つであり電気を絶縁する技術である。電気絶縁技術が発達するためには，高電圧，高電界特有の物理現象を理解することが必要不可欠となる。

1.2.2 高電圧と応用

　高電圧や高電界を積極的に応用する技術は，じつに多くの分野で幅広く用いられている。この理由として，高電圧を用いると技術の実現が容易になることや，高電圧を用いなければ実現が不可能な技術があるからである。

　製造業においては，放電加工や静電塗装などで放電や高電界の積極的利用が

なされている。照明などの光源，熱源として炉や溶接などにも高電圧が一部利用されている。

　オフィスに目を向けるとコピー機などの複写技術にも高電圧が応用されている。近年では，環境保護装置として用いられている電気集じん機やイオン発生器，放電を積極的に利用したオゾナイザなど環境負荷を軽減する技術にも応用されてきている。高性能の電子顕微鏡や X 線，プラズマの利用などこれらの技術は高電圧なしでは考えられない。技術の発展に高電圧工学の果たす役割は大きい。応用技術の詳細例は **15** 章に譲る。

　人類が電子を操ることを可能にした高電圧工学の理論と，それを応用した高電圧技術は，アイディアをつぎつぎに実現していく可能性を秘めた学問でもある。実現困難なさらなる課題に，高電圧工学が果たす役割は今後ますます重要となってくると考えられる。

演　習　問　題

【1】　私たちの身の回りで高電圧技術がどのように応用されているか調べよ。

【2】　瞬時停電とはどのくらいの時間か。

【3】　空気の絶縁破壊電圧は 1 cm 当り何万 V か。

2

高 電 圧 現 象

　高電圧工学の世界（分野）では通常では起こらないことが発生する。それ
ゆえ，高電圧・高電界における現象を理解することは重要である。そのため
には，絶縁破壊（放電）が起こる状況を理解することが必要である。本章で
は，放電の基礎である気体運動論を中心にエネルギーとしての温度の考え方，
電離が発生するメカニズム，電離気体の基本的な性質について説明する。

2.1 気体粒子の運動

2.1.1 気体の状態方程式

　アボガドロ（Avogadro）は「気体の種類に関係なく，圧力・温度一定のも
とでは，同一体積中には同数の気体分子が存在する」と提唱した。その数をア
ボガドロ数と呼び，$N_0 = 6.023 \times 10^{23}$ 個である。気体 1 モル（0 ℃，1 atm,
22.4 l）中の気体分子の数である。

　また，ボイル（Boyle）とシャルル（Charles）は以下の関係を発見した。

$$pV = NRT \tag{2.1}$$

ここで p，V，T はそれぞれ圧力，体積，絶対温度であり，N はモル数，R
は気体定数である（$R = 0.082$〔atm・l/(K・モル)〕$= 8.31$〔J/(K・モル)〕）。

　ここで，単位体積中の気体分子数（粒子数）n を用いて式(2.1)を変形し，
単位を MKS 単位（p〔Pa〕，n〔1/m³〕，T〔K〕）にすると次式になる。

$$p = nkT \tag{2.2}$$

k はボルツマン定数（Boltzmann's constant）で，$k = 1.38 \times 10^{-23}$ J/K で

ある。式(2.1)，あるいは式(2.2)を**気体の状態方程式**と呼ぶ。

2.1.2　粒子のエネルギー

速度（velocity）v で進む質量（mass）m の粒子のエネルギーは $w = mv^2/2$ である。この粒子が単位体積中に n 個存在すると，その全エネルギーは以下の式で表される。

$$W = nw = \frac{nmv^2}{2} \ \text{[J]} \tag{2.3}$$

しかし，気体は多くの分子の集合体で，各分子はたがいに衝突しながら無秩序な運動をしており，気体中の n 個の粒子（分子）の速度が一定でないため，エネルギーはこのように単純ではない。エネルギーに関する二つの場合を概念的に図 **2.1** に示す。無秩序な運動をする粒子群（図(b)）の集団エネルギーを考えるには，温度という概念（速度の分布）を考慮しなければならない。

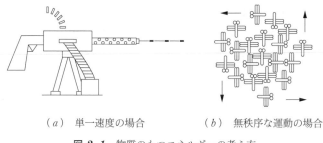

（a）　単一速度の場合　　　　（b）　無秩序な運動の場合

図 **2.1**　物質のもつエネルギーの考え方

2.1.3　粒子の速度分布・エネルギー分布

〔**1**〕　**2乗平均速度**　　質量 m [kg] で x 方向の速度 v_x [m/s] で動く粒子が壁に直角に当たると，$-v_x$ で反射するので，運動量の変化は $2mv_x$ となる。一辺 L [m] の立方体の中には N 個（$= L^3 n$）の粒子が存在しており，それらの x 方向への平均速度を v_x とする。1個の粒子が1秒間に壁に到達する回数は $v_x/2L$ であるから，1秒間に壁に到達する個数は $Nv_x/2L$ である。したがって，壁での全運動量変化は次式で表される。

$$2mv_x \times \frac{Nv_x}{2L} = L^2 nmv_x^2 \tag{2.4}$$

圧力は単位面積当りの運動量変化に等しいから次式が成り立つ。

$$p = nmv_x^2 \tag{2.5}$$

ここで，v_x と v_y と v_z が統計的には等しいので三次元空間中での粒子の平均速度を v とすると，次式で表すことができる。

$$v^2 = v_x^2 + v_y^2 + v_z^2 = 3v_x^2$$

したがって，式(2.5)は次式となる。

$$p = \frac{nmv^2}{3}$$

これと式(2.2)より，次式が成り立つ。

$$\frac{mv^2}{2} = \frac{3kT}{2} \tag{2.6}$$

この v^2 を **2乗平均速度**といい，$\langle v^2 \rangle$ で表す。$\sqrt{\langle v^2 \rangle} = \sqrt{3kT/m}$ を実効速度（あるいは2乗平均平方根速度）という。

〔**2**〕　**速 度 分 布**　　気体中の分子（粒子）の定常状態の速度分布はマクスウェル（Maxwell）やボルツマン（Boltzmann）によって定量的に計算されている。$v_x \sim v_x + dv_x$ に粒子が存在する確率を $f(v_x)dv_x$ とすると，次式が成り立つ。

$$f(v_x) = A\exp(-Bv_x^2), \quad \int_{-\infty}^{\infty} f(v_x)dv_x = 1 \tag{2.7}$$

この A，B を求めると以下の式になる。

$$f(v_x)dv_x = \sqrt{\frac{m}{2\pi kT}}\exp\left(-\frac{mv_x^2}{2kT}\right)dv_x \tag{2.8}$$

よって，$v_y \sim v_y + dv_y$，$v_z \sim v_z + dv_z$ に粒子の存在する確率は次式で表される。

$$f(v_x)f(v_y)f(v_z)dv_xdv_ydv_z = \left(\frac{m}{2\pi kT}\right)^{\frac{3}{2}}\exp\left(-\frac{m}{2kT}v^2\right)dv_xdv_ydv_z \tag{2.9}$$

これは**図 2.2** に示す $dv_xdv_ydv_z$ の体積内に粒子が存在する確率である。

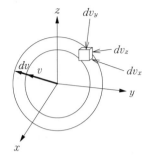

図 2.2 速度分布の考え方

　ここで $v \sim v + dv$ に粒子の存在する確率 $f(v)dv$ は，図に示される dv 幅の球殻内に粒子が存在する確率であることより，式(2.9)は以下のようになる。

$$f(v)dv = \left(\frac{m}{2\pi kT}\right)^{\frac{3}{2}}\exp\left(-\frac{m}{2kT}v^2\right)4\pi v^2 dv$$

$$\int_0^\infty f(v)dv = 1 \tag{2.10}$$

これを変形すると以下のようになる。

$$f(v)dv = \frac{4}{\sqrt{\pi}}\left(\frac{m}{2kT}\right)^{\frac{3}{2}}v^2\exp\left(-\frac{m}{2kT}v^2\right)dv \tag{2.11}$$

　この $f(v)$ を**マクスウェルの速度分布関数**と呼ぶ。前項で述べた 2 乗平均速度 $\langle v^2\rangle$，平均速度 $\langle v\rangle$ およびマクスウェル分布関数が最大になるときの速度である最確速度 v_m は次式で定義される。

$$\langle v^2\rangle = \int_0^\infty v^2 f(v)dv = \frac{3kT}{m}, \quad \langle v\rangle = \int_0^\infty vf(v)dv = \sqrt{\frac{8kT}{\pi m}},$$

$$v_m = \sqrt{\frac{2kT}{m}} \tag{2.12}$$

これらの 3 者の間には，以下の関係がある。

$$v_m : \langle v\rangle : \sqrt{\langle v^2\rangle} = 1 : 1.128 : 1.225$$

例として，300 K の Ar ガスの場合の速度分布を**図 2.3** に示す。

　また，$W = mv^2/2$ とおいて式(2.11)を変形すると以下の式になる。

$$f(W)dW = \frac{2}{\sqrt{\pi}}\left(\frac{1}{kT}\right)^{\frac{3}{2}}\sqrt{W}\exp\left(-\frac{W}{kT}\right)dW \tag{2.13}$$

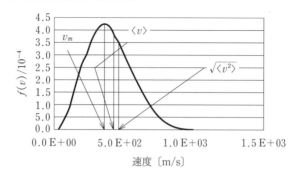

図2.3 Ar ガス（300 K）の速度分布

この $f(W)$ を**エネルギー分布関数**と呼ぶ。

2.1.4　衝突断面積，衝突周波数および衝突損失割合

　速度 v の粒子どうしは熱運動で衝突を繰り返している。一般に放電を考慮するときは粒子（気体分子や電子）を球形とみなし，それらの衝突を考える。粒子 A（粒子半径 r_A）が粒子 B（粒子半径 r_B）に衝突するには**図2.4** に示す半径 $(r_A + r_B)$ の断面積内を粒子 A の中心が通過すればよい。この断面積 $\sigma = \pi(r_A + r_B)^2$ を**衝突断面積**と呼ぶ。この概念の導入により大きさを有する粒子を質点として取り扱える。

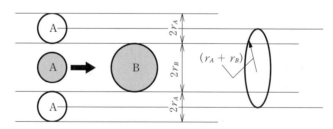

図2.4　衝突断面積の考え方

　このとき $r_A = r_B = r$ ならば，$\sigma = 4\pi r^2$ である。粒子 A が電子のように非常に小さいときは，$\sigma = \pi r_B{}^2$ である。粒子どうしの衝突はその相対速度に依存するので，この衝突断面積も粒子の相対速度（エネルギー）に依存する。粒子 A が粒子 B に 1 秒間に衝突する回数を**衝突周波数**と呼び，ν で表す。

$$\nu = n \int_0^\infty \sigma v f(v) dv = n \langle \sigma v \rangle \tag{2.14}$$

ここで n は粒子 B の密度であり，σ は衝突断面積，v は粒子 A の粒子 B に対する相対速度，$f(v)$ は速度分布関数である。質量 m_1 の粒子が m_2 の粒子に衝突するとき，1 回の衝突で失うエネルギー割合 κ を正面衝突で最も簡単な場合（衝突前：m_1 と m_2 が速度 v_1 とゼロ，衝突後：m_1 と m_2 が速度 v'_1 と v'_2）について計算してみる。この場合，エネルギー保存式と運動量保存式は以下の式で表される。

$$\frac{1}{2}m_1 v_1{}^2 = \frac{1}{2}m_1 v'_1{}^2 + \frac{1}{2}m_2 v'_2{}^2, \quad m_1 v_1 = m_1 v'_1 + m_2 v'_2$$

これを解くと以下のようになる。

$$v'_1 = \frac{m_1 - m_2}{m_1 + m_2}v_1, \quad v'_2 = \frac{2m_1}{m_1 + m_2}v_1$$

したがって，1 回の衝突で失うエネルギーを W とすると次式のようになる。

$$W = \frac{1}{2}m_1 v_1{}^2 - \frac{1}{2}m_1 v'_1{}^2 = \frac{4m_1 m_2}{(m_1 + m_2)^2}\left(\frac{1}{2}m_1 v_1{}^2\right)$$

したがって，1 回の衝突で使うエネルギー割合 κ は次式で表される。

$$\kappa = \frac{4m_1 m_2}{(m_1 + m_2)^2}$$

正面衝突のみでなくすべての角度に関して計算すると κ の平均値は以下の式で与えられる。

$$\kappa = \frac{2m_1 m_2}{(m_1 + m_2)^2} \tag{2.15}$$

2.1.5 平均自由行程

ある粒子が他の粒子に衝突してから，つぎの粒子に衝突するまでの距離を**自由行程**（free path）と呼び，衝突ごとに長さが異なる。この平均値を**平均自由行程**（mean free path）λ で表す。

$$\lambda = \frac{\langle v \rangle}{\nu} = \frac{\langle v \rangle}{n \langle \sigma v \rangle} = \frac{\langle v \rangle}{n \sigma \langle v \rangle} = \frac{1}{\sigma n} \tag{2.16}$$

別の考え方をすると，自由行程 z の分布を $g(z)$ とすると，$g(z)$ は電子が自由行程 $z \sim z + dz$ に存在する確率であり，以下の関係が成り立つ。

$$g(z) = \frac{1}{\lambda} \exp\left(\frac{-z}{\lambda} \right) \tag{2.17}$$

$$\lambda = \int_0^\infty z g(z) dz, \quad \int_0^\infty g(z) dz = 1 \tag{2.18}$$

粒子どうしの衝突の場合，粒子の速度分布がマクスウェル分布をしているとすると，平均自由行程 λ_g は以下の式で示される。

$$\lambda_g = \frac{1}{\sqrt{2}\, \sigma n} = \frac{1}{4\sqrt{2}\, \pi r_g^2 n} \tag{2.19}$$

λ_g に $\sqrt{2}$ が現れるのは相対速度を考えるからである（**図 2.5**）。実際は平均自由行程は以下の式に示すように温度に依存する。ここで T は絶対温度，C はサザーランド定数である。諸気体の平均自由行程 λ_g を**表 2.1** に示す。

$$\lambda_g{}' = \frac{\lambda_g}{1 + C/T}$$

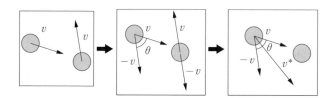

図 2.5　相対速度の考え方

表 2.1　諸気体の平均自由行程（1 atm, 0 ℃）

	He	Ne	Ar	Kr	Xe	H₂	N₂	O₂
λ_g [10^{-8}m]	17.65	12.52	6.30	4.48	3.56	11.10	5.95	6.44

電子が粒子に衝突する場合，電子の速度は相対的に非常に速いため，相手粒子は停止しているとみなせる。電子の平均自由行程 λ_e は以下の式で示される。

$$\lambda_e = \frac{1}{\sigma n} = \frac{1}{\pi r_g^2 n} = 4\sqrt{2}\, \lambda_g \tag{2.20}$$

2.2 励起・電離

2.2.1 原子のエネルギー準位

原子（atom）は正電荷の陽子を有する原子核とその周りを回っている負電荷をもつ**電子**（electron）からなっており，電気的に中性である（**図2.6**）。電子は存在できる場所が決まっており，その場所を軌道という。この原子が外部から電子の衝突などで，エネルギーを与えられると，電子の軌道がずれる。これを**励起**（excitation）と呼ぶ。ずれる割合は受け取るエネルギーに依存する。励起した原子は得たエネルギーを光などで放出し元の状態に戻る（**図2.7**）。受け取るエネルギーが大きいと，電子は軌道を飛び出し自由電子になる。これを**電離**（ionization）と呼ぶ。代表的な気体原子の電離電圧を**表2.2**に示す。

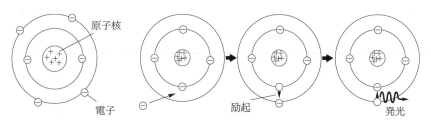

図2.6 原子のモデル　　　　**図2.7** 電子の衝突による励起・発光

表2.2 代表的な気体原子の電離電圧

気体原子	He	Ne	Ar	Kr	Xe	Hg	H	N
電離電圧〔V〕	24.58	21.56	15.76	14.00	12.13	10.43	13.60	14.54

この励起，電離に必要なエネルギーを**励起エネルギー**，**電離エネルギー**と呼ぶ。このエネルギー準位と発光スペクトルの関係を示したものを**グロトリアン**（Grotrian）**図**と呼び，一例として水銀（Hg）原子の例（代表的な準位のみ）を**図2.8**に示す。

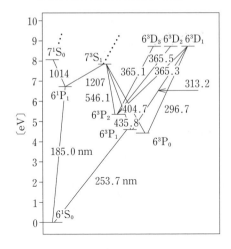

図 *2.8* グロトリアン図（Hg）

　放出する光の振動数と放射エネルギーとの関係は，光の振動数を ν〔1/s〕，放射エネルギーを W〔J〕とすると以下の関係がある。

$$W = h\nu \ \text{〔J〕} \tag{2.21}$$

ここで，$h = 6.626 \times 10^{-34}$ J・s であり，プランク定数と呼ばれる。

　グロトリアン図に示した eV（エレクトロンボルト）という単位を今後よく使用する。これは電子を 1 V で加速したときのエネルギーであり，1 eV ＝ 1.602×10^{-19} J という関係がある。エネルギー零の準位（水銀では 6^1S_0 準位）を**基底準位**と呼び，励起準位中で基底準位に光放射できる最低の準位（水銀では 6^3P_1 準位）を**共鳴準位**と呼ぶ。また，光放射できない励起準位（水銀では 6^3P_0 準位と 6^3P_2 準位）を**準安定準位**と呼ぶ。一般に励起状態に存在できる時間（寿命）は非常に短い（～10^{-9}s）が，準安定準位は光放射せず衝突による遷移しかないため寿命が長い（～10^{-3}s も存在する）。

2.2.2　衝突による励起・電離

　電子が原子に衝突した場合，励起・電離を引き起こす場合と起こさない場合がある。前者を**非弾性衝突**と呼び，電子は励起エネルギー（あるいは電離エネルギー）に相当するエネルギーを失う。後者を**弾性衝突**と呼び，電子はもって

いる運動エネルギーに対して平均で約 $2m_e/M$ 倍を失う（式(2.15)）。m_e，M はそれぞれ電子，衝突された原子の質量である。

　非弾性衝突では原子の内部エネルギーの関与の有無で区別する場合がある。運動エネルギーの授受だけに依存して内部エネルギー（励起準位にあるエネルギー）を放出しないものを第一種の衝突と呼び，衝突により自分の内部エネルギーを相手に直接与える衝突を第二種の衝突と呼ぶ（**図 2.9**）。

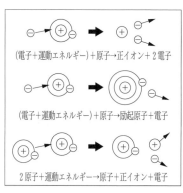

（ a ）　第一種の衝突 　　　　　（ b ）　第二種の衝突

図 2.9　衝突の種類

2.2.3　熱　電　離

炎やアーク放電（**5**章）などの高温の気体は，気体原子（分子）自体が大きな運動エネルギーを有するため，原子どうしの衝突で電離が引き起こされる。これを**熱電離**と呼ぶ。この電離割合は**サハ**（Saha）**の式**で表される。

$$\frac{n_i n_e}{n_g} = 2\frac{g_i}{g_0}\left(\frac{2\pi m_e kT}{h^2}\right)^{\frac{3}{2}}\exp\left(-\frac{eV_i}{kT}\right) = 4.82 \times 10^{15} T^{\frac{3}{2}}\exp\left(-\frac{eV_i}{kT}\right)$$

$$(2.22)$$

　ここで，n_i，n_e，n_g，T，V_i はそれぞれ，イオン密度，電子密度，原子密度，ガス温度，原子の電離電圧であり，k，h，e はボルツマン定数，プランク定数，電子電荷である。g_i，g_0 は各準位に対する統計的な重みである。

2.2.4 光　電　離

図 2.10 に示すような準位を有する原子が，励起準位 1（V_{ex1}）に励起している。そこに振動数 ν_1 の光が入射すると，その原子は励起準位 2（V_{ex2}）に励起する。その原子に振動数 ν_2 の光が入射すると，その原子は電離（V_{ion}）する。ここで図において，光の振動数 ν と励起準位や電離電圧とは以下のような関係である。

$$h\nu_1 = e(V_{ex2} - V_{ex1}), \quad h\nu_2 = e(V_{ion} - V_{ex2})$$

これらの現象を**光励起**，**光電離**と呼ぶ。

V_{ion} ─────────────

$\qquad\qquad\uparrow\quad h\nu_2 = e(V_{ion} - V_{ex2})$

V_{ex2} ────────

$\qquad\qquad\uparrow\quad h\nu_1 = e(V_{ex2} - V_{ex1})$

V_{ex1} ────

図 2.10　光励起，光電離

───────────────── 基底準位

コーヒーブレイク

トムソンによる電子の発見

　19 世紀末に物質は原子で構成されており，それ以上小さな物質は存在しないと考えられていた。しかしトムソンが真空中の陰極から出る電子ビームに磁界や電界を印加することで空間中を曲げ，その曲率を調べることで原子より質量が小さいことを確認した（1897 年）。その後ラムザウアーにより，電子は粒子としてのみではなく，波としての性質をもっていることが確認された。そしてド・ブロイにより電子波，物質波の概念が確立された。このように電子の発見は，その後の工学的な進歩や学問的な進歩の基になっている，と考えることができる。

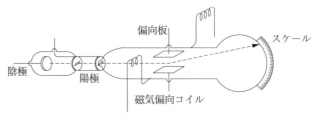

トムソンの実験

2.2.5 階段励起，累積電離

すでに励起している原子に電子が衝突し（あるいは入射した光を原子が吸収し），つぎの準位へ励起させたり，電離させたりする場合がある。これらをそれぞれ**階段励起，累積電離**と呼ぶ。

2.2.6 電離電圧と放電開始電圧の関係

放電は空間中に存在する電子が電界によって加速され，なだれのように原子をつぎつぎに電離することで始まる。このため電離電圧が高いほど放電開始電圧が高いように思えるが，実際は違う。例えば，ネオン原子，アルゴン分子の電離電圧はそれぞれ 21.5 V，15.8 V だが，放電開始電圧はネオンのほうが低い。電離には電子のエネルギーが必要であり，電子が電界から得るエネルギーは平均自由行程に依存する。すなわち放電開始にはその気体の電離電圧よりも，電子を衝突せずに加速移動させることが可能な距離（平均自由行程）のほうが重要になる。

2.3 電離気体で起こる現象

2.3.1 電子温度と電子エネルギー分布

電離気体とは電子とイオン（ion）に分離した気体のことである。電子もイオンも集団であり，そのエネルギーには温度という概念を用いる。

原子とイオンの質量はほぼ等しいため，イオン温度と原子の温度（ガス温度）はほぼ等しいと考えてよい。電界中でイオンも電子も同じ力（クーロン力）を受け加速されるが，イオンは電子より質量が大きいため加速されにくいし，周囲の原子と衝突し運動エネルギーを失う（式(*2.15*)）。一方，電子は質量が小さいため加速されやすく，原子と衝突してもさほどエネルギーを失わない（式(*2.15*)）。そのため，電子の温度はイオンや原子の温度に比して非常に高く，数万度になる場合がある。電子は電離気体の中で非常に重要な役割を果たすため，電子温度に注目することで電離気体の性質が理解しやすくなる。電子のエネルギー分布の温度による違いを**図** *2.11* に示す。

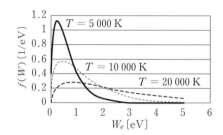

図 **2.11**　電子のエネルギー分布
（マクスウェル分布）

2.3.2 移　動　度

〔**1**〕**イオンの移動度**　イオンは電界から力を受け，その加速度を a とする。ある時間 t の間に移動する電界方向に距離 s を求めると次式のようになる。

$$M_i a = eE, \quad s = \frac{1}{2}at^2 = \frac{1}{2}\cdot\frac{eE}{M_i}t^2 \tag{2.23}$$

電界方向への平均的な速度 v_{id}，熱平均速度 $\langle v_i \rangle$，イオンの自由行程を x とすると，電界中のイオンの動きは**図 2.12** に示すように平均的な速度は $v_{id} \ll \langle v_i \rangle$ より次式で表される。

$$t = \frac{x}{v_{id} + \langle v_i \rangle}, \quad s = \frac{1}{2}\cdot\frac{eE}{M_i}\cdot\frac{x^2}{\langle v_i \rangle^2} \tag{2.24}$$

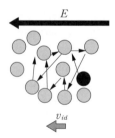

図 **2.12**　電界中の
イオンの動き

ここでイオンの自由行程 x の分布は式(2.17)で与えられるから，距離 s の平均値は次式のように表される。

$$\langle s \rangle = \int_0^\infty s g(x)\,dx = \frac{eE}{M_i}\cdot\frac{\lambda_i^2}{\langle v_i \rangle^2}$$

$$\therefore \quad v_{id} = \frac{\langle s \rangle}{t} = \frac{\langle s \rangle}{\lambda_i/\langle v_i \rangle} = \frac{e\lambda_i}{M_i \langle v_i \rangle}E, \quad \mu_i = \frac{e\lambda_i}{M_i \langle v_i \rangle} \qquad (2.25)$$

ここで，v_{id} をイオンの**移動速度**（drift　velocity），μ_i をイオンの**移動度**（mobility）と呼び，単位は〔m²/(V・s)〕である。

　〔**2**〕　**電子の移動度**　　電界が弱い場合，電子もイオンと同じように考えることができるが，ランジェバン（Langevin）が厳密計算した結果以下の式であることがわかった。

$$\mu_e = 0.75 \times \frac{e\lambda_e}{m_e \langle v_e \rangle} \qquad (2.26)$$

　電界が強くなると（$E/p > 100$ V/(cm・torr)），電子は質量が小さく衝突で失うエネルギーが小さいため，移動速度が熱速度に比して十分小さいという仮定は成り立たない（**図 2.13**）。

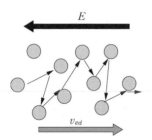

図 2.13　電界中の
　電子の動き

　電子が電界に沿って（逆方向に）x 動いたときの速度を v_e とすると電子のエネルギーに関して次式が成り立つ。

$$\frac{1}{2}m_e v_e^2 = eEx$$

$$\therefore \quad x = \frac{m_e v_e^2}{2eE}, \quad dx = \frac{m_e v_e}{eE}dv_e \qquad (2.27)$$

ここで，電子の自由行程 x の分布は式(2.17)で与えられるから，これに式(2.27)を代入すると次式が成り立つ。

$$v_{ed} = \int_0^\infty v_e g(x)dx = \int_0^\infty v_e \frac{1}{\lambda_e} \exp\left(-\frac{m_e v_e^2}{\lambda_e 2eE}\right)\frac{m_e v_e}{eE}dv_e = \sqrt{\frac{\pi\lambda_e eE}{2m_e}}$$

$$(2.28)$$

ここで，v_{ed} は電子の電界に沿っての平均速度であり，電子の移動速度と呼ばれる。電子の移動度 μ_e は以下の式で示される。

$$v_{ed} = \mu_e E, \quad \mu_e = \sqrt{\frac{\pi \lambda_e e}{2 m_e E}} \tag{2.29}$$

2.3.3 拡　　　散

〔*1*〕 **電界が存在しない場合**　粒子の密度が場所によって異なるとき，粒子は密度の高いほうから低いほうへ移動していく性質があり，この現象を**拡散** (diffusion) と呼ぶ。x 方向に単位面積中を単位時間当りに通過する粒子の量を，nv_D（n：粒子密度，v_D：拡散速度）とする。この nv_D すなわち $\Gamma(x_0)$ は，x の正方向から流れ込む粒子の量 $\Gamma(x_0 + \lambda)$ と x の負の方向から流れ込む粒子の量 $\Gamma(x_0 - \lambda)$ の差である（**図 2.14**）。この空間について以下の四つの仮定を考える。

1）　すべての粒子が熱平均速度 $\langle v \rangle$ を有する。

2）　すべての粒子が x，y，z の正・負方向に均等に動く（x 方向には $1/6$ が動く）。

3）　すべての粒子の自由行程が平均自由行程である。

4）　密度勾配は dn/dx である。

この仮定に基づいて $\Gamma(x_0)$ を計算すると以下のようになる。

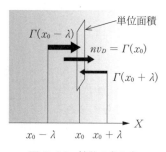

図 *2.14*　拡散の考え方

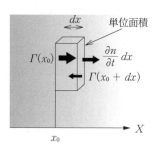

図 *2.15*　拡散方程式の考え方

$$\Gamma(x_0) = \Gamma(x_0 - \lambda) - \Gamma(x_0 + \lambda)$$

$$= \frac{n - \lambda dn/dx}{6}\langle v\rangle - \frac{n + \lambda dn/dx}{6}\langle v\rangle$$

$$= -\frac{\lambda\langle v\rangle}{3}\cdot\frac{dn}{dx} = -D\frac{dn}{dx} \qquad (2.30)$$

ここで，式中 D を**拡散係数**と呼び，単位は〔m²/s〕である。

電子密度の時間変化を考えた場合，体積（$1 \times dx$）内の電子密度の時間変化は以下の式で表される（**図 2.15**）。これを**拡散方程式**と呼ぶ。

$$\frac{\partial n}{\partial t}dx = \Gamma(x_0) - \Gamma(x_0 + dx) = \Gamma(x_0) - \left\{\Gamma(x_0) + \frac{\partial\Gamma}{\partial x}dx\right\}$$

$$= -\frac{\partial\Gamma}{\partial x}dx$$

$$\therefore \quad \frac{\partial n}{\partial t} = -\frac{\partial\Gamma}{\partial x} = D\frac{\partial^2 n}{\partial x^2} \qquad (2.31)$$

これを一般式で表すと以下の形になり，これは連続の方程式と呼ばれる。

$$\frac{\partial n}{\partial t} = -\nabla\Gamma = D\nabla^2 n \qquad (2.32)$$

〔**2**〕 **電界が存在している場合**　x 軸方向に密度こう配が存在しており，そこに電界が印加されている場合を考える（**図 2.16**）。この空間中での力の平衡をイオンについて考えると次式が成り立つ。

$$P(x) + eN_i Edx = P(x + dx), \quad P(x + dx) = P(x) + \frac{\partial P(x)}{\partial x}dx$$

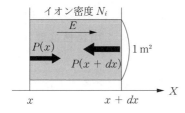

図 **2.16**　密度こう配・電界がある場合の力の平衡

式(2.2)より，$P = N_i kT_i$ を（N_i はイオン密度）代入すると次式が成り立つ。

$$\left(E - \frac{kT_i}{eN_i}\cdot\frac{\partial N_i}{\partial x}\right)N_i e = 0 \tag{2.33}$$

ここで

$$E' = -\frac{kT_i}{eN_i}\cdot\frac{\partial N_i}{\partial x}$$

とおくと，密度こう配により E' の電界が発生し，電界 E を打ち消している
とみなせる。E' を**拡散電界**と呼ぶ。拡散だけによるイオンの流れを考えると
次式が成り立つ。

$$N_i v_{id} = N_i\mu_i E' = -\mu_i\frac{kT_i}{e}\cdot\frac{\partial N_i}{\partial x} \tag{2.34}$$

一方，イオンの拡散係数を D_i とすると次式が成り立つ。

$$N_i v_{id} = -D_i\frac{\partial N_i}{\partial x} \tag{2.35}$$

式(2.34)，(2.35)より次式が成り立つ。

$$\frac{D_i}{\mu_i} = \frac{kT_i}{e} \tag{2.36}$$

電子についても次式が成り立つ。

$$\frac{D_e}{\mu_e} = \frac{kT_e}{e} \tag{2.37}$$

ここで D_i，D_e はイオン，電子の拡散係数であり，式(2.36)，(2.37)を**ア
インシュタイン** (Einstein) **の関係式**と呼ぶ。

〔**3**〕　**両極性拡散**　　電離気体中にはイオンと電子が存在し，それらの間に
はクーロン力が働く。したがって，それぞれ別々に拡散するのではなく，たが
いに影響し合って同じ速度で拡散する。これを**両極性拡散** (ambipolar
diffusion) という。

　密度分布と内部電界 E が存在する空間においてイオンと電子の移動速度
(v_{id}，v_{ed}) を求めると次式のようになる。ただし，$N = N_i = N_e$ とする。

$$v_{id} = -\frac{D_i}{N}\cdot\frac{\partial N}{\partial x} + \mu_i E, \quad v_{ed} = -\frac{D_e}{N}\cdot\frac{\partial N}{\partial x} - \mu_e E \tag{2.38}$$

イオンと電子が影響し合い同じ速度で移動するので，$v = v_{id} = v_{ed}$ とおき，

v を求めると次式が成り立つ。

$$v = - \frac{\mu_i D_e + \mu_e D_i}{\mu_e + \mu_i} \cdot \frac{1}{N} \cdot \frac{\partial N}{\partial x} \tag{2.39}$$

$$D_a = \frac{\mu_i D_e + \mu_e D_i}{\mu_e + \mu_i} \cong \mu_i \frac{kT_e}{e} \tag{2.40}$$

式中の D_a を**両極性拡散係数**と呼び，次式で示される。

また，式(2.38)において，$v = v_{id} = v_{ed}$ とおき E を求めると次式が成り立つ。ここで E を**両極性電界**と呼ぶ。

$$E = - \frac{D_i - D_e}{\mu_e + \mu_i} \cdot \frac{1}{N} \cdot \frac{\partial N}{\partial x} \cong - \frac{kT_e}{e} \cdot \frac{1}{N} \cdot \frac{\partial N}{\partial x} \tag{2.41}$$

2.3.4 再結合と付着

〔**1**〕**付　着**　　電子が中性の原子や分子に付いて負イオンを形成することを**電子の付着**と呼ぶ。付着確率を h，電子の密度を n とすると電子の付着による減少割合は次式のように表される。

$$-\frac{dn}{dt} = h\nu n = \beta n \tag{2.42}$$

ここで，ν は衝突周波数であり，β は付着係数である。電子付着が起こりやすい気体を**負性気体**と呼び，この気体の電子親和力が大きい。負イオンは質量が電子に比して大きいために電界で加速されにくく，電離を引き起こしにくい。そのため，負性気体は気体絶縁という点から見ると望ましい気体である。

〔**2**〕**再　結　合**　　中性原子（分子）がイオンや電子に分かれる現象を電離と呼び，その逆の現象を**再結合**（recombination）と呼ぶ。再結合には電子-イオン再結合とイオン-イオン再結合の2種類がある。また空間中で再結合する場合を**体積再結合**と呼び，管壁などに到達して再結合する場合を**表面再結合**と呼ぶ。再結合には負電荷粒子と正電荷粒子の衝突が必要であり，それには両者の相対速度が小さいことが必要になる。電子-イオン再結合の場合，質量の違いから両者の速度は異なるため，体積再結合は起こりにくく，両極性拡散の後に表面再結合する場合が多い。一方，イオン-イオン再結合とは，電子の原

子（分子）への付着により負イオンを形成し，正イオンと再結合する場合をい
う。この場合，両者の相対速度が近くなるため体積再結合を引き起こす。

　また再結合には，3体再結合，解離再結合，放射再結合の3種類がある。3
体再結合は，電子（負イオン）が正イオンとの衝突の際に，運動エネルギーを
与える第3の中性子が介在する衝突である。イオンが運動エネルギーを減少さ
せて相対速度が小さくなり，再結合しやすくなる。多原子分子の場合，再結合
が起こったときの余剰エネルギーは普通原子の振動エネルギーとなるが，それ
が大きい場合は解離する。これを解離再結合という。放射再結合とは再結合し
た際の余剰エネルギーを電磁放射（光）の形で放出するものである。

演 習 問 題

【1】 27 ℃の Ar ガスの実効速度と平均速度を求めよ。

【2】 Ar の平均自由行程は 0 ℃，133 Pa で 8.1×10^{-3} cm である。0 ℃，$1\,013 \times 10^2$
Pa の Ar 中の電子の平均自由行程を求めよ。

【3】 27 ℃，133 Pa の気体の密度を求めよ。

【4】 水銀原子の電離電圧は 10.43 eV である。これを電離するのに必要な電子の速
度を求めよ。

【5】 133 Pa の気体中で，電子の移動度が 10^6 cm²/(V・s)，電子温度 20 000 K，イ
オンの移動度が 10^3 cm²/(V・s)，イオン温度 1 000 K であった。電子の拡散係
数，イオンの拡散係数，両極性拡散係数を求めよ。

【6】 気体定数 $R = 8.31$ J/(モル・K)を導け。

【7】 気体定数からボルツマン定数 $k = 1.38 \times 10^{-23}$ J/K を求めよ。

【8】 静止している小さな質量の物体に，速度 v で動いている十分に大きな質量の
物体が衝突するとき，小質量の物質はほとんど $2v$ の速度で反発されることを
証明せよ。ただし，衝突によるエネルギー損失はないものとする。

3

電　子　放　出

放電が発生するためには電子の存在が不可欠である。本章では，電子が金属から放出される基本的メカニズムを説明する。なお，電子を放出させるために使用されている実際の電極構造や特徴は **5** 章の放電現象で詳しく述べる。

3.1 仕　事　関　数

図 **3.1**(a)に金属の結晶内のポテンシャルエネルギーとモデル化したもの（図(b)）を示す。電子は図中のフェルミ準位まで存在しており，金属内部の電子を空間へ取り出すためには金属に $e\phi$〔eV〕のエネルギーを与える必要が

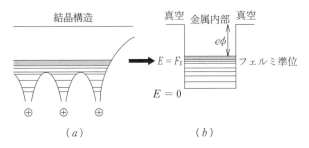

図 **3.1**　結晶内のポテンシャルエネルギー

表 3.1　金属の仕事関数

金属	Fe (鉄)	Ni (ニッケル)	Mo (モリブデン)	Ba (バリウム)	W (タングステン)	Th (トリウム)
仕事関数〔eV〕	4.21	4.61	4.15	2.1	4.54	3.35

ある。この ϕ を**仕事関数**（work function）と呼ぶ。**表3.1**に代表的な金属の仕事関数を示す。

3.2 熱 電 子 放 出

3.2.1 熱のみによる電子放出

金属の温度が上昇すると金属内部の電子の運動エネルギーが増加し，仕事関数より大きくなると金属外部へ飛び出す。これを**熱電子放出**と呼ぶ。**図3.2**で説明する。分布関数 $f(E)$ と状態関数 $z(E)$ の積が電子密度分布関数である。温度が低いとき（$T = 0$）の場合，$E > F_E$（フェルミ準位）で $f(E) > 0$ であり，すべての電子が**フェルミ準位**（Fermi level）以下に存在している。しかし，温度が高くなると（$T = T_1$），熱エネルギーにより $E > F_E$ で $f(E) \neq 0$ となり，電子密度分布も大きく広がり仕事関数を超えるエネルギーをもつ電子が存在するようになる。これが自由電子である。

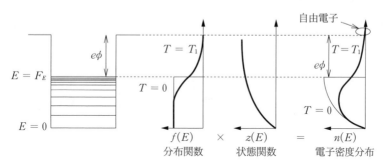

図3.2 熱電子放出の考え方(1)

別の考え方を**図3.3**で説明する。金属から空間に飛び出した電子は影像力により金属へ引っ張られる（図(a)）。この力と電子と金属との距離の関係は図(b)のようになり，その力に逆らって金属から無限大の距離まで引き離す仕事をされた電子が自由電子となる（図(c)）。この無限大まで引き離すのに必要な仕事が仕事関数 $e\phi$ である。

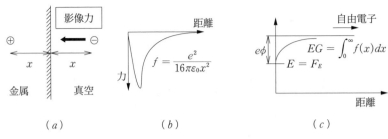

図 3.3　熱電子放出の考え方（2）

熱電子放出は以下のリチャードソン（Richardson）の式で表される。

$$J_{th} = A T^2 \exp\left(-\frac{e\phi}{kT}\right) \ [\text{A/m}^2] \tag{3.1}$$

$$A = \frac{4\pi e m_e k^2}{h^3} = 1.2 \times 10^6 \ [\text{A/(m}^2 \cdot \text{K}^2)]$$

J_{th}, T, ϕ はそれぞれ金属からの熱電子電流密度，金属温度，仕事関数であり，k, e, m_e, h はそれぞれ，ボルツマン定数，電子電荷，電子質量，プランク定数である。

3.2.2　ショットキー効果

　金属から放出される熱電子電流密度は式(3.1)で示される。この金属の表面に電界が印加されたとき，電子には影像力と印加電界による二つの力が働く。その二つの力が影響し合って仕事関数を見かけ上減少させる。これを**ショットキー**（Schottky）**効果**と呼ぶ。

　図 3.4 に示すように，印加電界により $W = -eEx$ なるエネルギーが電子に与えられる。そのため本来電子に与えなければならないエネルギー EG が電界印加時には $e\Delta\phi$ だけ減少する。その結果放出される電流密度は以下の式で表される。

$$J = A T^2 \exp\left(-\frac{e(\phi - \Delta\phi)}{kT}\right) = J_{th} \exp\left(\frac{e\,\Delta\phi}{kT}\right) \ [\text{A/m}^2] \tag{3.2}$$

ただし，$\Delta\phi = \sqrt{eE/4\pi\varepsilon_0}$ である。

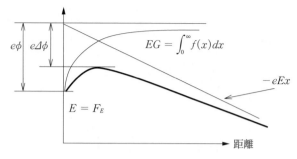

図 **3.4** ショットキー効果

3.3 電 界 放 出

電界強度が 10^8 V/m 以上になると，式(3.2)は成り立たないことが知られている。強電界中ではフェルミ準位付近で障壁の厚みが薄くなり，トンネル効果で電子が放出される（**図 3.5**）。これを**電界放出**，あるいは**冷陰極放出**と呼ぶ。ファウラー（Fowler）とノールドハイム（Nordheim）はこの電子電流を計算した。

$$J = \frac{1.54 \times 10^{-6} E^2}{\phi} \exp\left\{ \frac{-6.83 \times 10^9 \phi^{\frac{3}{2}}}{E} \left(1 - 1.4 \times 10^{-9} \frac{E}{\phi^2} \right) \right\} \ [\text{A/m}^2]$$

(3.3)

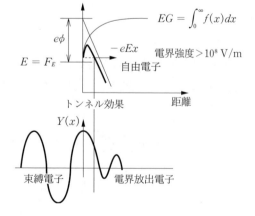

図 **3.5** 電 界 放 出

ϕ〔V〕，E〔V/m〕は仕事関数，陰極に印加される電界強度である。

3.4 光 電 子 放 出

光が金属に入射するとき，光の振動数 ν，あるいは波長 λ が以下の式を満足するとき，金属から電子が飛び出す。この現象を**光電子放出**と呼ぶ。光電子放出が起こる条件は次式で表される。

$$\nu \geqq \frac{e\phi}{h}, \quad \lambda = \frac{c}{\nu} \leqq \frac{hc}{e\phi} \qquad (3.4)$$

ここで，ϕ，h，c はそれぞれ，仕事関数，プランク定数，光速（3×10^8m/s）である。この光電子を放出できる波長の上限値を**限界波長**と呼ぶ。この飛び出した電子の運動エネルギーを W，質量 m_e，速度を v とすると次式が成り立つ。

$$W = \frac{1}{2}m_e v^2 = h\nu - e\phi \text{〔J〕} \qquad (3.5)$$

3.5 電子ビームによる二次電子放出

電子ビームが金属に衝突すると金属表面から電子の放出が起こる。入射した電子ビームを**一次電子**と呼び，放出する電子を**二次電子**と呼ぶ。そしてこの現象を**二次電子放出**という。二次電子のエネルギー分布はおもに二つの成分から成り立つ。

┌─コーヒーブレイク─┐

冷陰極放出をする電極は冷たいか？

「熱電子放出」は高温の金属などから電子が放出する現象を意味するが，「冷陰極放出」は「熱電子放出でない」という意味で，「冷たい金属から電流が放出される」ことを意味してはいない。実際には数百度以上になる場合がある（これは熱電子放出するには低すぎる温度である）。

1）　入射した一次電子が固体の格子と弾性衝突し，反射により高エネルギーを有したまま再放出された成分

2）　固体内部の束縛電子が一次電子のエネルギーにより，低エネルギーの自由電子として放出された成分

入射する一次電子1個に対して固体から放出される二次電子の数を**利得** *Y*（yield）と呼び，金属では 0.5＜*Y*＜1.5，誘電体では 5＜*Y*＜20 である。**図3.6** に入射電子エネルギーと二次電子の利得との関係を示し，**図3.7** に二次電子のエネルギー分布を示す。

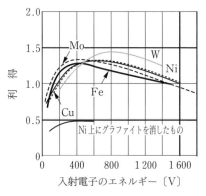

図3.6　入射電子エネルギー
と二次電子の利得

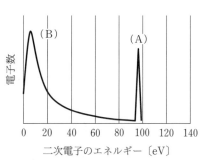

図3.7　二次電子のエネルギー分布

3.6　粒子衝突による電子放出

イオンや励起原子（分子）が金属表面に近づくと金属から電子が放出されることがある。この現象はイオンや励起原子の運動エネルギーに依存しない。**図3.8** にイオンが金属に近づいた場合の電子放出機構の一例を示している。

イオンが金属に近づく（**図3.8** の左図）と，金属表面に強電界が発生し電界放出と同様のメカニズムで電子が放出される。電子放出のされ方は，近づくイオンや原子の内部エネルギーに大きく依存している。このイオンにより電子

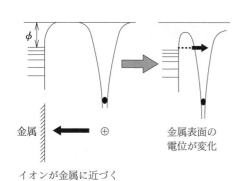

図 **3.8**　イオンが金属に近づいた場合の電子放出

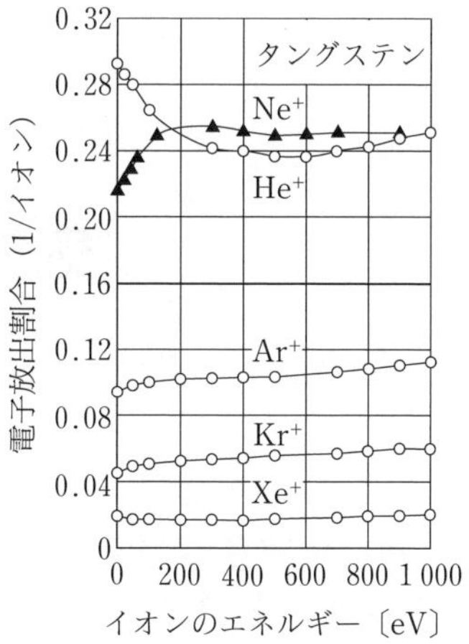

図 **3.9**　衝突イオンエネルギー
と電子放出割合

が放出される現象は **γ 作用** として知られている。これを **ポテンシャル放出** と呼ぶ。図 **3.9** にタングステンに衝突するイオンの運動エネルギーと電子放出の割合を示す。

　固体中に粒子が入射した場合の電子放出機構に関しては，基本的に電子が入射した場合と同様である。

演 習 問 題

【1】　2 500 K のタングステン陰極を使用している。温度が 10 K 増加すると，放出電子流に何％の増減があるか。ただし，タングステンの仕事関数は 4.54 eV とする。

【2】　仕事関数が 1.78 eV の光電面に波長 520 nm の光を照射したとき放出される電子の最大速度はいくらか。

【3】　仕事関数が 2.0 eV で面積が 100 mm²で 1 000 K の電極がある。この電極から 100 mA の電流を流そうとすると，電極表面にかかる電界はいくらか。

4

気体の絶縁破壊

　われわれは無意識のうちに気体を絶縁体として利用している。この身近な絶縁体に高電界が印加されると放電が起こり，導電性を帯びる。これを気体の絶縁破壊と呼ぶ。本章では，気体放電が徐々に進展していき，最終的には電極間全体が絶縁破壊（全路破壊）する過程を説明する。

4.1　非自続放電と自続放電

　電圧が印加された電極間に放射線などで偶然存在する荷電粒子（電子やイオン）は，電圧の上昇とともに電極に達する量が増え，最終的に一定電流が流れる。この電流は荷電粒子が偶然存在する場合のみ流れ，存在しないと流れない。これを**非自続放電**と呼び，光を発しないため，この放電電流は**暗流**と呼ばれる（**図 *4.1*(*a*)** の領域 A，領域 B）。

　さらに電圧が上昇すると，荷電粒子の存在によらずに放電を維持できるようになる。これを**自続放電**（self-sustaining discharge）と呼ぶ。この自続放電

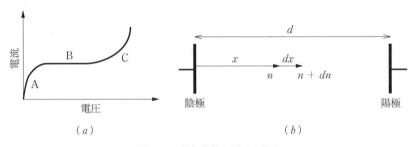

図 *4.1*　電気特性と電子の動き

への移行条件を以下に述べる。

4.2 **タウンゼント理論**

電極間距離 d の平行平板電極に電圧が印加されている。陰極から距離 x の場所に n 個の電子が存在しており，この電極間では 1 個の電子が単位長さ進む間に α 個の電離を引き起こすとすると，以下の式が成り立つ（**図 *4.1*(b)**）。

$$dn = n\alpha dx$$

電極から出た電子の数が 1 個だったとすると，陽極に到達する電子数 N は次式のように表せる。

$$N = e^{\alpha d}$$

このように電子が急激に増加していく現象を**電子なだれ**という（図(a)の領域 C）。このとき発生するイオンの数は $(N-1)$ 個である。これが陰極に衝突することで陰極から γ 個の電子が放出され（γ 作用），放出された電子が再び電離を引き起こす（**図 *4.2***）。そして最終的に陽極に到達する電子の数 Z は，$\gamma(N-1) < 1$ のとき次式のようになる。

$$Z = N\{1 + \gamma(N-1) + \gamma^2(N-1)^2 + \cdots\} = \frac{N}{1 - \gamma(N-1)} \quad (4.1)$$

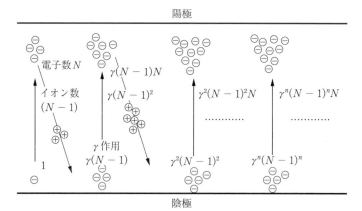

図 *4.2* 電子なだれの進展

陽極に到達する電子が無限大になったとき，自続放電が開始する。これが**タウンゼント**（Townsend）**の理論**である。式(4.1)が無限大になる条件式はつぎの花火放電（自続放電）の条件式で示される。

$$1 - \gamma(e^{\alpha d} - 1) = 0 \tag{4.2}$$

ここで，α を衝突電離係数（アルファ係数），γ を二次電子放出係数と呼ぶ。この α は電界（E）と圧力（p）の関数であり，一般に次式で表される。

$$\frac{\alpha}{p} = f\left(\frac{E}{p}\right)$$

また，γ は電極材料と衝突するイオンの種類によって決まる係数である。

このタウンゼントの理論は比較的低気圧で電極間距離が短いとき（$pd <$ 200 〔Torr・cm〕[†]，p は圧力，d は電極間距離）に実験値とよく一致する。

4.3　ストリーマ理論

電極間距離が長くなり常圧に近づいてくると（$pd > 500$ 〔Torr・cm〕），タウンゼントの理論と実験値が一致しなくなる。この原因は電極間に発生する正電荷による電界歪によるものと考えられ，これを説明するための理論が**ストリーマ理論**である。この理論は，ほぼ同時期にミーク（Meek）とレータ（Raether）によって個別に提案された。

〔**1**〕　**ミークの理論**　　正ストリーマあるいは**陰極向けストリーマ**と呼ばれる（図**4.3**）。

① 電子なだれが起こり，拡散速度の違いから先端部分は電子が多く，後方には正イオンが多く存在する（図(a)）。

② 電子なだれが陽極に達すると先端の電子は陽極に吸収され，正イオンが空間に残る。その空間電荷が電界を強め，新たな電子なだれを起こす（図(b)）。

③ 新しい電子なだれの先端部分の電子が，密度の濃い正イオンの中に入る

[†]　圧力の単位：1気圧〔atm〕＝760 〔Torr〕≒1 013×10² 〔Pa〕

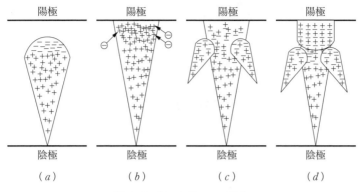

図 *4.3* 正ストリーマの進展

ことで，そこがプラズマ状態（詳細は **6** 章）になる(図(*c*))。

④　プラズマができると導電率が増加するため，プラズマ部分と陰極との間の電界がさらに強くなる。すると多くの電子なだれがプラズマに集まるようになり，プラズマは陰極方向に進展し，電気的なチャネルができる(図(*d*))。

〔**2**〕　**レータの理論**　　**負ストリーマ**あるいは**陽極向けストリーマ**と呼ばれる（**図 *4.4***）。

①　電子なだれの先端の電子電荷が電界歪を起こし，陽極と電子なだれの間

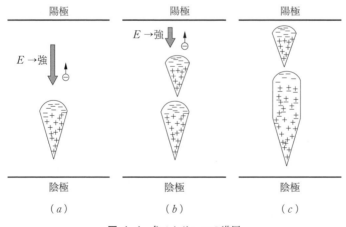

図 *4.4* 負ストリーマの進展

の電界が強くなる（図(a)）。

② その強電界中で電子が加速され，電子なだれの前方に新しい電子なだれ
をつくる。さらにその電子なだれは，その前方に新しい電子なだれをつ
くる（図(b)）。

③ 電子なだれの後方に（拡散速度の違いで）イオンが多く存在し，そこに
後からきた電子なだれの先端部分の電子が入り込んでプラズマ状態にな
る。このように多くの電子なだれがつぎつぎにつながり，プラズマが陽
極方向へ進展する（図(c)）。

4.4 火花放電への移行過程としてのコロナ放電

4.4.1 コロナ放電の発生条件

電極間に電圧がかかると，電極間全体が絶縁破壊しないで片側の電極付近だ
けが破壊（放電が発生）する場合がある。この放電を**コロナ放電**と呼ぶ。コロ
ナが発生する電圧を**コロナ開始電圧**（あるいは放電開始電圧）と呼ぶ。このコ
ロナ放電は印加電圧が高くなると伸長し，最終的に全路破壊(火花放電)に至る。

コロナ放電の発生する条件は「電界分布が著しく不均一であること」「コロ
ナ放電の発生により最大電位傾度が減少すること」の二つである。前者は局所
的な電離現象が起こるための条件であり，後者は火花放電へ進展せずコロナ放
電が安定して存在するための条件である。

4.4.2 コロナ放電の形態

〔1〕 針電極と平板電極

1） 直流電圧　針電極の付近の電界が強くなり，その部分にコロナ放電
が発生し，その後火花放電に移行する。**図4.5**の上段が正極コロナ（針電極
が正）で下段が負極コロナ（針電極が負）である。正極コロナは電圧が低いと
きにグローコロナが発生し，徐々にブラシコロナ，ストリーマコロナへと移行
し，最後に火花放電になる。一方，負極コロナは弱いブラシコロナが発生し，

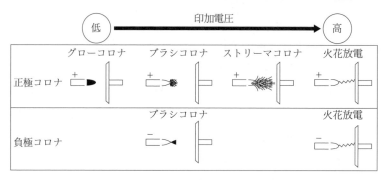

図 4.5 印加電圧と放電形態（針と平板電極）

その後火花放電になる。負極コロナにおいて，印加電圧が低くコロナが出始め
たころのコロナ放電の電流波形を観察すると，規則正しいパルス波形（数分の
$1\mu s$ 周期）になっている。これをコロナパルス，あるいは**トリチェルパルス**
（Trichel pulse）と呼ぶ。**図 4.6** に示すようにコロナ開始電圧と距離の関係
は，一般に正極コロナが負極コロナより高くなる。

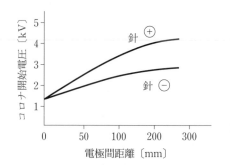

図 4.6 コロナ開始電圧と
電極間距離

グローコロナ（glow corona）は電圧がある程度高くなると，針の先端に弱
い発光が現れる。放電電流はμA 程度であり，空気中ではオゾンを発生する。
さらに電圧を上げると，電極間距離が数 cm 以下ならばこのコロナから直接火
花放電に至る。電極間距離が数 cm 以上あれば，ブラシコロナへ，さらにスト
リーマコロナへ移行する。

ブラシコロナ（brush corona）は長く伸びたコロナであり，シュッシュッと
いう音が聞こえる。放電電流は10 μA 程度であるが，多くの高周波成分を含

んでいる。

ストリーマコロナ（streamer corona）はコロナの発光部が電極間を橋絡したように見える放電である。細い線状の放電が多く集合しそれが明滅を繰り返す。

2）　商用周波数の交流　コロナは半周期ごとにその極性に応じたコロナが発生している。まず，針電極が負の極性で弱いコロナ放電を生じ，ついで正極性で強いコロナ放電を生じる。この状態をコロナ開始と定義する。

3）　高周波交流　コロナ開始電圧は商用周波数の場合と著しい差はない。図 $4.7(a)$ に直流，図 (b) に高周波の場合を示す。高周波時はコロナと電極の間の静電容量を通過して大きな電流が流れる。つまり高周波で発生したコロナに供給されるエネルギーは，直流や商用周波数のときより大きくなる。そして電圧が高いとコロナは火炎状（高温）になる。これを**トーチコロナ**と呼ぶ。

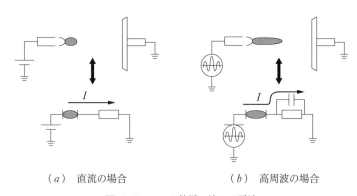

（a）　直流の場合　　　　　　（b）　高周波の場合

図 4.7　コロナ放電へ流れる電流

4）　インパルス電圧　インパルス電圧が印加されたときに発生するコロナを**インパルスコロナ**（impulse corona）と呼ぶ。針電極が負の場合は直流コロナと類似のコロナが出現するが，正の場合はコロナが出現しても安定に存在することなく火花放電へ移行する。

〔**2**〕　**同軸円筒電極**　外側電極の半径を R，内側電極の半径を r_0，印加された電圧 V とする。この間の電界強度 E は式（4.3）となる。

$$E = \frac{V}{r \log_e(R/r)} \leq \frac{V}{r_0 \log_e(R/r_0)} \tag{4.3}$$

　コロナが発生したことで，この電界強度の径方向への傾き $(dE/dr)\,r = r_0$ が負になればコロナは安定に存在できる。すなわち，$R/r_0 > 2.718$ ならばコロナが発生し，$R/r_0 < 2.718$ では発生しない。

〔**3**〕　**球電極・平行円筒電極**　　球電極どうしでは球の直径を ϕ，電極間隙を d とすると $0.05 \leq d/\phi \leq 1$ ではその電界を平等電界とみなせるが，それ以外では大地との電位の関係で不平等電界になる。電極間隙が大きくなるとグローコロナの発生が不規則になる領域が現れ，さらに大きくなると必ずコロナ放電が発生する（**図 4.8**）。

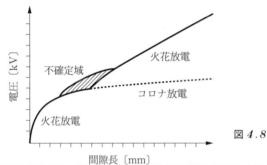

図 4.8　球電極どうしの放電特性

　送電線のような平行円筒電極の場合，その電極中心の距離を d，電極半径を r とすると，$d > 30r$ では必ずコロナ放電を経由して火花放電に移行する。

4.4.3　コロナ損・コロナ雑音

〔**1**〕　**交流コロナ**（**商用周波数**）　　コロナが発生すると必ず電力損失を伴う（コロナ損）。送電線などで発生するコロナ損失についての研究は古くからなされ，コロナ損と印加電圧の関係は実験式で表されている。ピーク（Peek）によって与えられた式は，2乗法則と呼ばれ，以下の式で表される。

$$P = c(f + 25)(V - V_c)^2$$

ここで，c，f，V，V_c はそれぞれ，係数，周波数，印加電圧波高値，コロナ電圧波高値である。

　このピークの式は線間電圧（あるいは大地間電圧）が高いところは実験値と

よく一致するが，電圧が低くなるとあまり一致しない。その原因は，電圧が高いとコロナが電線の広い領域にわたって発生し，電圧が低いとコロナが部分的（表面が汚れて部分的に電界が高くなったところ）に発生するからである。前者を全コロナ領域，後者を部分コロナ領域と呼ぶ。

コロナ放電が発生すると高周波雑音と可聴騒音が発生する。前者をコロナ雑音，後者をコロナ騒音と呼ぶ。コロナ雑音は，電圧の正半波で発生する間欠的な正ストリーマ放電から生じる 10^{-6} 秒程度のパルス電流による電磁界である。この電磁界の周波数はパルス電流のピークや位相が不規則なため広範囲にわたる。

〔*2*〕　**直流コロナ**　　直流送電は交流送電に比して，「電圧の最大値が $1/\sqrt{2}$ で，絶縁が簡単でコロナ放電も少ない」利点がある。直流コロナの特徴は「電界の時間変化がないため生じたイオンが導体周辺を遮へいしコロナ放電を抑制する」「生じたイオンが大地や相手側電線に移動するイオン流を形成する」ことである。このイオン流は電線の電位の影響を受け，この違いがコロナ損に影響を与える。それらの関係を**図 4.9**に示す。

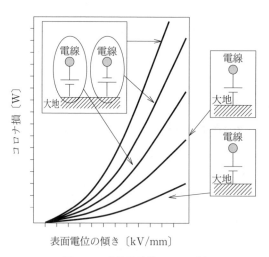

図 4.9　直流送電線のコロナ損

4.5 火 花 放 電

4.5.1 火花放電の定義

火花放電とは，電気的絶縁体である気体が，電子の増倍作用によって非常に短時間に導電率の高い強電離プラズマとなり，電極間を短絡する現象をいう。火花放電では，荷電粒子の発生・消滅やエネルギーの授受が時間的・空間的に変化する。この火花放電の発生する電圧を**火花電圧**（あるいは火花破壊電圧，フラッシオーバ電圧）と呼ぶ。

4.5.2 火花放電の時間遅れ

電極に電圧を印加して火花放電が起こるまで時間がかかる。この時間を「火花遅れ」と呼び，これは「火花統計遅れ」と「火花形成遅れ」の和である。「火花統計遅れ」は放電が生じるための初期電子の発生確率に依存する時間であり，「火花形成遅れ」は電子なだれにより放電が成長するのに必要な時間である。

4.5.3 火花放電に影響を与えるパラメータ

〔1〕 **電極間距離と気体圧力**　　絶縁破壊は印加電圧の種類，電極の形状などの影響を受ける。したがって，基本的な性質を考えるうえで最も適している環境は，ひずみのない均一な電界（平等電界）中である。単なる平行平板では電極の端に電界が集中するため平等電界が作れない（**図4.10**(*a*)）。平等電界を作るために考案されたのがロゴウスキ（Rogowski）電極であり，電極の端に電界集中が発生しないように設計されている（図(*b*)）。

平等電界中での火花電圧は $p \times d$（圧力×電極間距離）の関数となる。この関係を**パッシェンの法則**（Paschen's law）と呼ぶ。そして火花電圧と $p \times d$ の関係は**図4.11**に示すように V 字曲線になる。これを**パッシェン曲線**と呼ぶ。火花電圧が最小になる値を $(pd)_{min}$ とすると，$p \times d < (pd)_{min}$ では電子の原子への衝突数が少なすぎるため，電離割合も少ない。つまり $p \times d$ が

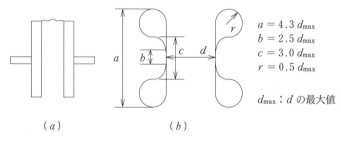

$a = 4.3\,d_{max}$
$b = 2.5\,d_{max}$
$c = 3.0\,d_{max}$
$r = 0.5\,d_{max}$

$d_{max} : d$ の最大値

(a)   (b)

図 4.10　平行平板電極とロゴウスキ電極

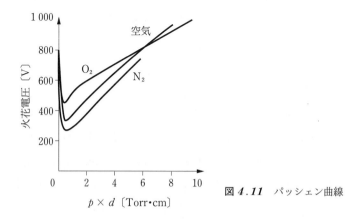

図 4.11　パッシェン曲線

増えると電離衝突が増加し，火花電圧は低下する。

　一方，$p \times d > (pd)_{min}$ では電子の原子への衝突数は増えすぎ，自由行程が短くなるため電子が電界より受け取るエネルギーが少なくなる。そのため電離しにくくなり，$p \times d$ が増えると火花電圧は上昇する。空気においては，$(pd)_{min} = 0.57$ Torr·cm で，$V_{min} = 330$ V である。

　V は電極間電圧，E は電界，d は電極間距離，p をガス圧とすると，衝突電離係数 a は比較的低ガス圧力の場合（つまり高 E/p の場合），実験的に次式で表される。

$$\frac{a}{p} = A\exp\left(-B\frac{E}{p}\right) \tag{4.4}$$

　$V = Ed$ であり，$V = V_s$ で絶縁破壊が起こるとすると，式(4.2)より式(4.5)が導かれる（本章演習問題【**7**】）。

$$V_s = B \cfrac{pd}{\log_e\left\{\cfrac{A}{\log_e\left(1+\cfrac{1}{\gamma}\right)}\right\} + \log_e pd} \tag{4.5}$$

ここで，式(4.6)の条件のとき，$(V_s)_{\min} = B(pd)_{\min}$ となる（本章演習問題【**8**】）。

$$pd = (pd)_{\min} = \frac{2.718}{A}\log_e\left(1+\frac{1}{\gamma}\right) \tag{4.6}$$

〔**2**〕 **印加電圧の種類（平等電界中）**　　電圧の種類が絶縁破壊に及ぼす影響を述べる。不平等電界に関しては電極構造が関係してくるため，ここでは印加電界が平等電界の場合を考える。

1）　**低周波交流**　　絶縁破壊機構は直流の場合とほとんど同じで，破壊は電圧の波高値に依存する。

2）　**高周波交流**　　印加される高周波電界を $E_0 \sin \omega t$ とすると，荷電粒子に働く力の向きが半周期ごとに変わる。半周期の間に荷電粒子が移動する距離 x は

$$x = \int_0^{\frac{\pi}{\omega}} \mu E_0 \sin\omega t \, dt = \frac{\mu E_0}{\pi f} \tag{4.7}$$

ここで μ は荷電粒子の移動度，f は周波数（$\omega = 2\pi f$）である。電極間距離を d とすると，$x < d$ では荷電粒子は電極に到達しない（**図 4.12**）。これを荷電粒子の捕捉と呼ぶ。火花電圧と周波数の関係を**図 4.13** に示す。Aから

コーヒーブレイク

ある電極間隔で絶縁性を高めるには？

　絶縁破壊を防ぐには，パッシェンの法則によると，ガス圧を非常に大きくするか，小さくすればよい。しかしガス圧が高くなると，ストリーマ電流密度が増加し絶縁破壊が容易になるために，火花電圧の上昇曲線が飽和してくる。一方ガス圧を下げた場合は，電極やその容器からの微量のガス放出に影響を受ける。電極や容器からの放出ガス割合は（固体内部からのガスの拡散速度に依存するから）時間に依存するため，つくったときは高性能でも経年変化により大きく劣化する。つまり実用化できる範囲は限られた領域となる。その限られた条件の中でいかに絶縁耐圧を上昇させるかがエンジニアの腕の見せどころになる。

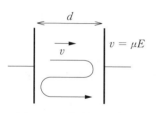

図 **4.12**　荷電粒子の捕捉

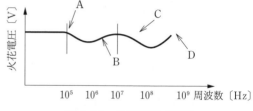

図 **4.13**　火花電圧と周波数

Dの周波数で火花電圧が変化するメカニズムを以下に示す。

A：質量の大きいイオンが捕捉される。捕捉された正イオンは陰極付近の（その空間電荷により）電界を強めるため，フラッシオーバ電圧が低下する。

B：正イオンの移動距離はさらに小さくなり，陰極付近の空間電荷がなくなる。そのため再びフラッシオーバ電圧は上昇する。

C：電子が捕捉されるようになる。電子が電極間を往復するようになると電離割合が増加し，フラッシオーバ電圧が低下する。

D：電子の移動する距離が短くなり，電離衝突が減少するので，再びフラッシオーバ電圧は上昇する。

3）　インパルス　　これには雷インパルスと開閉インパルスがある。この波形については **11** 章で詳細に述べる。この場合の絶縁破壊には，火花遅れが大きく関係してくる。**図 4.14** に火花電圧と放電開始までの時間の関係を示す。インパルス電圧の波高値が高くなるほど，火花電圧発生までの時間が短く

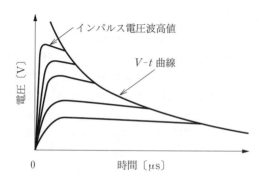

図 **4.14**　V-t 曲線

なる。この曲線を $V-t$ 曲線と呼ぶ（**14.4.2**項参照）。

〔**3**〕　**電極の形状と極性（極性効果）**　　二つの電極形状が異なる場合不平等電界になるし，同じ形状でも周囲の影響により不平等電界になる場合がある。代表的な電極形状に各種電圧が与えられた場合を考えることで，不平等電界中の絶縁破壊について理解する。

1）　針電極と平板電極　　直流の場合，コロナ発生に関しては正極コロナ開始電圧＞負極コロナ開始電圧であるが，火花電圧は，針電極が正の場合と負の場合とで，電極間距離により大きさが異なってくる（**図4.15**）。

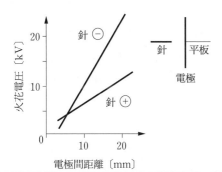

図4.15　火花電圧と電極間距離
（針電極と平板電極）

商用周波数の交流の場合，火花放電は，針電極が正の場合と負の場合とで，火花電圧が低いほうの極性で発生する。

インパルス電圧の場合，その $V-t$ 曲線は極性効果をもつ。

2）　針電極と針電極　　直流・商用周波数の場合，電極間距離 L が $30\sim 300\,\mathrm{cm}$ の範囲（温度 $25\,^\circ\mathrm{C}$，気圧 $1\,013\,\mathrm{hPa}$，絶対湿度 $15\,\mathrm{g/m^3}$）のとき，火花電圧 V（波高値）は次式で示される。

$$V = 18.4 + 5.01 \times L \ \mathrm{[kV]} \tag{4.8}$$

インパルス電圧の場合，電極先端形状，針電極間距離，大地までの距離が火花電圧に影響を与える。針電極において，大地からの距離 h を変化させた場合の火花電圧の変化を**図4.16**に示し，接地電極の半径を変えた場合（電極直径 $20\,\mathrm{mm}$）を**図4.17**に示す。

3）　球電極と球電極　　ギャップ長が長くなるとコロナ放電が発生する。

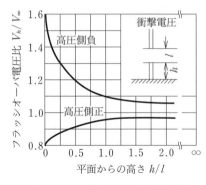

図 **4.16** 火花電圧比と電極間距離

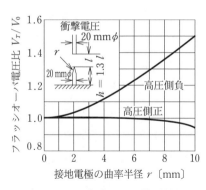

図 **4.17** 火花電圧比と電極先端径

ギャップが短いとグローは発生せず，火花放電が発生する。これに直流が印加されたとき，電極間隙が非常に短いとき以外は極性効果がある（図 **4.18**）。交流が印加されたときは低いほうの電圧で放電するので極性効果は気にしなくてよい。

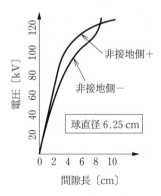

図 **4.18** 球と球電極の極性効果

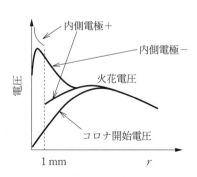

図 **4.19** 同軸円筒電極の極性効果

4）　同軸円筒電極　　同軸円筒の内側電極半径を r，外側電極内径を R とすると，$R/r > 2.718$ ではコロナ放電が生じ，その後火花放電に移る。このときの火花電圧には極性効果がある（図 **4.19**）。

〔**4**〕　**気体の種類**　　気体の種類で火花電圧は大きく異なる。ソーントン（W. M. Thornton）はコロナ開始電位傾度と各種気体の関係を調べ，以下のこ

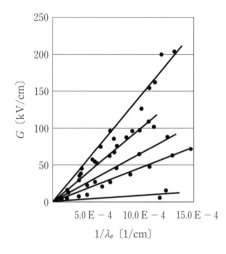

図 4.20 コロナ開始電位傾度と平均自由行程の逆数

とを発見した（図 **4.20**）。

1) コロナ開始電位傾度 (G) と電子の平均自由行程の逆数 $(1/\lambda_e)$ との関係は六つのグループに分けることができる。

2) その各グループにおいて，G と $1/\lambda_e$ は比例関係にある。

実用的な気体絶縁物の条件は，① 絶縁耐圧が高い，② 誘電率や誘電損が小さい，③ 接触する物質に対して化学的に不活性，④ 不燃性，非爆発性，⑤ コロナ放電で化学変化が起きない，⑥ 液化温度が低い（高気圧使用時），⑦ 熱伝導率が高い（冷却用を兼ねる場合），⑧ 入手容易で安価である等が挙げられる。

〔**5**〕 **電極材料・電極表面状態**　ガス圧が低い場合は，電極から飛び出す電子が絶縁破壊に重要な役割を果たす（タウンゼント理論）。特に γ 係数が重要である（パッシェンの法則）。このように絶縁破壊は電極材料に依存するが，それ以外に材料の表面状態や吸着ガスの影響を受けやすい。

電極表面に付着した不純物に荷電粒子が付着することで電極近傍の電界強度を上昇させ，電界電子放出を促進する現象が**マルター**（Malter）**効果**である。

また電極にガスが吸着していると，気圧の低い領域では，電極温度の上昇によりそのガスが空間中に放出され，絶縁破壊する。これを避けるために真空中

で電極を加熱して火花放電を何度か引き起こす。これにより火花電圧は徐々に上昇し，一定値に近づく。これを**化成**あるいは**コンディショニング効果**と呼ぶ。

演 習 問 題

【1】 自続放電の条件式 (4.2) を導け。ただし，電子が単位長進む間に引き起こす電離の数を α とし，電極間距離 d，一つのイオンが陰極にぶつかったときに放出される電子数を γ とする。

【2】 タウンゼントの理論はどんな条件のとき実験とよく一致するか。

【3】 ストリーマ理論はどんな条件のとき実験とよく一致するか。

【4】 火花遅れについて説明せよ。

【5】 パッシェンの法則について述べよ。

【6】 負性気体が存在すると放電しにくくなる理由を述べよ。

【7】 式 (4.5) を導出せよ。

【8】 式 (4.6) を導出せよ。

5

放 電 現 象

　気体が絶縁破壊した後，その電離空間へ電力を制御しながら注入し，その
発光を照明やイルミネーションに利用するためのものを放電灯（ランプ）と
呼ぶ。ここでは，始動（放電）の容易さ，効率のよい電子供給手段，などが
重要になる。本章では，電離気体を「発生させて制御する」という観点で説
明する。

5.1 定 常 放 電

5.1.1 低気圧直流放電の電気特性

低圧放電灯の電気特性を図 5.1 に示す。

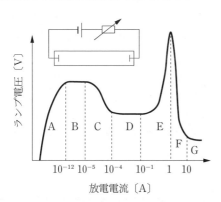

図 5.1 低圧放電灯の
電気特性

　領域 A は暗流が流れる領域（非自続放電），領域 B はタウンゼント放電の
領域である。領域 C は前期グロー放電の領域で，大きな負性抵抗なので，大
きな抵抗を接続し，それを可変しなければ細かく測定できない。領域 D は正

規グロー放電の領域で，電流が増加すると陰極を覆うグロー放電面積が増加し，ランプ電圧は一定を保つ。領域 E は異常グロー放電の領域で，グロー放電面積が増加できない領域のため，電流増加に伴って陰極からの放出電子電流を増加させねばならない。ゆえに陰極降下電圧が上昇し，ランプ電圧が上昇する。領域 D と領域 E の両方を一般的に**グロー放電**と呼ぶ。領域 F はアーク放電への遷移領域で，電流密度が増加するため陰極温度が上昇し始め，電界放出から熱電子放出へ移行を始める。そのため陰極降下電圧が低下し，ランプ電圧が低下する。領域 G はアーク放電の領域である。

5.1.2 低圧放電の始動性（ペニング効果）

放電灯を点灯させるには絶縁破壊（始動）が必要で，このための電圧を始動電圧と呼ぶ。これが高いと高電圧を発生させる点灯回路が必要になる。それを避けるために始動電圧を低下させる必要があり，**ペニング**（Penning）**効果**が利用される。ペニング効果とは「ある気体中に，その気体の準安定準位より少し低い電離電圧の気体を少量入れることで始動電圧が大きく低下すること」をいう。この代表的な組合せに，Ne と Ar，Ar と Hg（水銀）がある。例えば，Ne に少量の Ar を入れると，始動電圧が大きく低下する。これは Ne の準安定準位（16.6eV）がArの電離電圧（15.5eV）より少し高く，衝突により準安定状態の Ne* のもつ内部エネルギーがArに与えられ，Ar が電離するためである。

$$Ne^* + Ar \rightarrow Ne + Ar^+ + e^-$$

5.2 グ ロ ー 放 電

5.2.1 発光状態と電気特性

グロー放電の発光特性（ガス圧 < 10 Pa）を図 5.2(a) に示し，その電位分布を図(b)に示す。図(a)において左側が陰極（cathode）であり，右側が陽極（anode）である。領域 A を**アストン暗部**，領域 B を**陰極グロー**，領域 C を**陰極暗部**（クルックス暗部），領域 D を**負グロー**，領域 E を**ファラデー暗**

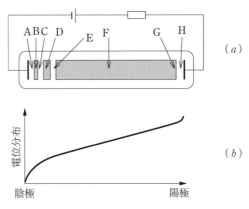

図 **5.2**　グロー放電の発光特性

部，領域 F を**陽光柱**，領域 G を**陽極グロー**，領域 H を**陽極暗部**と呼ぶ。放電
の大部分を占めるのは陽光柱部分であり，一般に用いられている低圧放電で
は，この部分の電界強度は数 V/cm である。

　この発光状態はガス圧に依存する。ガス圧が 130 Pa 程度では陽極部分の領
域 G，H が消滅し，領域 F が陽極に接して見える。さらにガス圧が 700 Pa 程
度になると陰極部分の領域 A，B，C が非常に薄くなり，領域 D が陰極に接し
て見える。一般に照明やイルミネーション用の放電灯は 700 Pa 以上である。

　このグロー放電の電流電圧特性は負であるため，電圧源を放電灯に直接接続
できない。電圧源を使用するには，放電灯に直列に抵抗成分を接続し，トータ

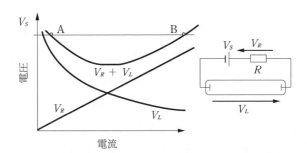

$\phi 3$ mm，長さ 110 mm のバックライト用光源（Ar＋Ne＋Hg）
において，$V_S = 600$ V，$V_R = 360$ V，$V_L = 240$ V，$R = 120$ kΩ

図 **5.3**　グロー放電の電圧-電流特性

ルで正抵抗成分にする必要がある。**図 5.3** に電圧-電流特性を示す。抵抗成分による電圧降下 V_R とランプ電圧 V_L との和が電圧源 V_S に等しいところは A，B の 2 個所だが，正抵抗の場所は点 B だけであり，点 B で安定点灯する。

5.2.2 陰極降下領域

放電灯の点灯維持には，電離のための電子を電極から供給し続ける必要がある。グロー放電ではその電子は粒子衝突による放出あるいは電界放出（**3** 章参照）で供給される。陰極から負グローまで（ほとんど陰極暗部）を**陰極降下領域**と呼ぶ。この領域は一定の正電荷密度で満たされていて（詳細は **6** 章），電界の強さが直線的に小さくなる。陰極から負グローまでの距離を d，陰極で電位 $V = 0$，$x = d$ で電位 $V = V_c$，かつ $x = d$ で電界の強さ $E = 0$ とすると，電位分布は次式となる。

$$V(x) = \frac{V_c x (2d - x)}{d^2} \tag{5.1}$$

ここで，V_c を**陰極降下電圧**と呼び，電子放出に必要な電界を形成するための電圧であり，放電灯の光出力にはまったく寄与しない。したがって，この陰極降下電圧を低下させることが放電灯の効率向上になる。

5.2.3 電極について

グロー放電に利用される電極は冷陰極と呼ばれ，これの電子放出は仕事関数と電界の強さおよび二次電子放出係数 γ に依存する（**3** 章参照）。仕事関数や加工の容易さなどを考えて，実際の電極材料には Ni や Mo がよく用いられる。ランプにとって効率と寿命は重要である。効率に関しては，同じ陰極降下電圧で放電電流を増加させる工夫がいる。寿命に関しては，スパッタリングという現象を避ける工夫がいる。これらについて説明する。

〔**1**〕 **電子放出機構（ホローカソード）**   **3** 章で冷陰極から放出される電流密度について述べた。一般のグロー放電の電子放出は電界によるもの（式 (3.3)）あるいは粒子衝突による二次電子放出（γ 作用）によるものと考えら

れている。γ作用による電子放出数は陰極に入射するイオン数（つまりイオン電流）に比例し，そのイオン電流はチャイルド・ラングミュアー（Child-Langmuir）により次式で与えられている。

$$J_i = \frac{4\varepsilon_0}{9}\left(\frac{2e}{m_i}\right)^{\frac{1}{2}}\frac{V_c^{\frac{3}{2}}}{X_c^2} = \frac{4\varepsilon_0}{9}\left(\frac{2e}{m_i}\right)^{\frac{1}{2}}\frac{E^2}{V_c^{\frac{1}{2}}} \tag{5.2}$$

ここで，J_i，V_c，X_c，E はそれぞれイオン電流密度，陰極降下電圧，陰極降下部の長さ，陰極降下部の電界の強さであり，m_i はイオンの質量である。

大きな放電電流を効率よく得るために，実際に用いられる電極としてホローカソードがある。**図 5.4**(a)において陰極降下部の長さを X_c，負グローの長さを X_{ng} とし，$X_c = d$，$X_{ng} = D$ とする。ここで，図(b)のように陰極を二つ（面積が2倍）にすると放電電流は2倍になる（式(5.2)）。この二つの陰極を徐々に近づける（図(c)）。$2X_c + X_{ng} \geqq 2d + D$ の場合は $X_c = d$，$X_{ng} = D$ であるが，$2X_c + X_{ng} < 2d + D$ の場合は $X_c < d$ となる。陰極降下電圧 V_c を一定とすると，$E = V_c/X_c$ より E が増加する。その結果，電子電流が増加する（式(3.3)，(5.2)）。

さらに陰極から出た電子は陰極間で往復運動を繰り返すため（**図 5.5**），電

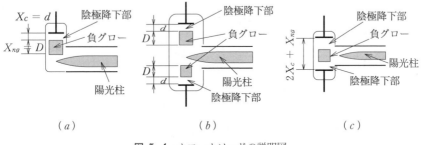

(a)　　　　　　　　　(b)　　　　　　　　　(c)

図 5.4　ホローカソードの説明図

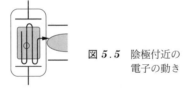

図 5.5　陰極付近の
電子の動き

子1個当りの電離割合が増加し，放電電流が増加する。また負グローから陰極へ入射する光も増加するため光電効果による電子放出も起こる。このように，陰極が狭い空間を囲むような構造にすると放電電流が増加する。この構造の電極をホローカソードと呼び，実際に使用される形状は円筒形のものが多い。

〔**2**〕 **陰極スパッタリング**　陰極前面に陰極降下電圧が形成され，これが陰極へ向かうイオンを加速する。この運動エネルギーにより陰極材料の粒子が飛散され，ガラス管などに付着する現象を**スパッタリング**（sputtering）**現象**と呼ぶ。付着した物質は放電灯内のガスを吸着し内部の封入物の組成比を変化させ，ランプ寿命に影響を与える。

5.2.4 陽 光 柱 理 論

〔**1**〕 **電子密度分布**　陽光柱は放電灯の大部分を占める領域であり，ここでは電子密度 n_e とイオン密度 n_i は等しい。円筒形状の放電灯を考えると，

コーヒーブレイク

放電灯を直接コンセントにつなぐと？

　放電灯の電気特性は負特性であり，コンセントに直接接続すると電流を無限に流そうとし，瞬間的に大電流が流れるためブレーカーが落ちるか，放電灯が流れ込む電流の熱により壊れる。非常に危険なため，放電灯には抵抗成分をつねに直列に接続する必要がある。その抵抗成分を安定器（バラスト）と呼ぶ。

　図に代表的な先行予熱型蛍光ランプの点灯回路を示す。

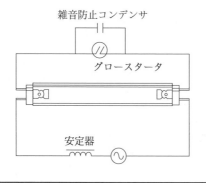

雑音防止コンデンサ

グロースタータ

安定器

先行予熱型蛍光
ランプの点灯回路

電子密度は軸方向，θ 方向に一定とみなせ，粒子は放電灯中心軸から管壁に向かって両極性拡散移動する。いま，**図 5.6** のように厚さ dr の単位長さ当りの中空円筒から管壁に向かって単位時間当りに拡散する電子の数を dN/dt，両極性拡散係数を D_a とすると次式となる。

$$\frac{dN}{dt} = \left(\frac{dn}{dt}\right)_{r+dr} - \left(\frac{dn}{dt}\right)_r, \quad \left(\frac{dn}{dt}\right)_r = -2\pi r \times 1 \times D_a\left(\frac{dn}{dr}\right)_r,$$

$$\left(\frac{dn}{dt}\right)_{r+dr} = -2\pi(r + dr) \times 1 \times D_a\left(\frac{dn}{dr}\right)_{r+dr}$$

$$\therefore \quad \frac{dN}{dt} = -2\pi \times 1 \times D_a \times \left\{\left(\frac{dn}{dr}\right)_r + \frac{d^2n}{dr^2}r\right\}dr$$

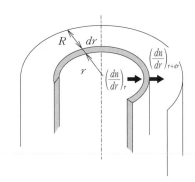

図 5.6 陽光柱での拡散

ここで，電子の電離周波数（1 秒間に起こる電離の回数）を ν_i，この中空円筒内で単位時間に発生する電子数を $(dN/dt)_{col}$ とおくと，次式を得る。

$$\left(\frac{dN}{dt}\right)_{col} = 2\pi \times 1 \times r \times \nu_i \times n \times dr$$

質量保存の法則より，この中空円筒から拡散により単位時間に消滅する電子数 dN/dt が，その中で電離により発生する電子数 $(dN/dt)_{col}$ に等しくなる。

$$\frac{d^2n}{dr^2} + \frac{1}{r}\cdot\frac{dn}{dr} + \frac{\nu_i}{D_a}n = 0 \tag{5.3}$$

中心軸上の電子密度が n_0 とすると，$n(r) = n_0 J_0(r\sqrt{\nu_i/D_a})$ であり，電子の半径方向分布は零次のベッセル関数になる。放電灯の半径を R とおくと，$n(R) = 0$ より以下の関係がある。

$$R\sqrt{\frac{\nu_i}{D_a}} = 2.405 \tag{5.4}$$

〔**2**〕 **電子温度**   放電灯内の圧力が p〔Torr〕, 電子のエネルギー分布が式(2.11)のようなマクスウェル分布とする。電離確率 $P_i = a(V - V_i)$〔1/(Torr・cm)〕とすると, 電離周波数は次式で示される。

$$\nu_i = \int_{V_i}^{\infty} ap(W - V_i)f(W)dW$$

$$= 2ap\sqrt{\frac{2e}{\pi m_e}} V_i^{\frac{3}{2}}\left(\frac{kT_e}{eV_i}\right)^{\frac{1}{2}}\left(1 + \frac{2kT_e}{eV_i}\right)\exp\left(-\frac{eV_i}{kT_e}\right) \tag{5.5}$$

この式を式(5.4)に代入し, $W_i = kT_e/eV_i$ とおくと次式の関係が成立する。

$$\frac{(1 + 2W_i)}{\sqrt{W_i}}\exp\left(\frac{-1}{W_i}\right) = \frac{1}{(cpR)^2}, \quad c^2 = 1.16 \times 10^7\left(a\frac{\sqrt{V_i}}{\mu_i}\right) \tag{5.6}$$

V_i は電離電圧, μ_i はイオンの移動度, R はランプ管半径, c の単位は〔1/(Torr・cm)〕である。式(5.6)は電子温度が cpR の関数, つまり封入ガスの電離電圧, ガス圧, ランプ管半径の関数であることを示している。

〔**3**〕 **軸方向電界**   電子は軸方向電界 E_z により加速され, そのエネルギーを封入気体との衝突で失う。電離気体中の衝突として弾性衝突のみを考えると, 電子の得るエネルギー W_{in}, 電子の失うエネルギー W_{out} は次式で表される。

$$W_{in} = \mu_e e E_z^2, \quad W_{out} = \left(\frac{\langle v\rangle}{\lambda_e}\right)\kappa\left(\frac{3kT_e}{2}\right) \tag{5.7}$$

ここで, μ_e, e, $\langle v\rangle$, λ_e, κ, k, T_e はそれぞれ, 電子の移動度, 電子電荷, 電子の平均速度, 電子の平均自由行程, 電子が1回の衝突で失うエネルギーの割合, ボルツマン定数, 電子温度〔K〕である。平衡状態では電子の得るエネルギーと失うエネルギーは等しいので, $W_{in} = W_{out}$ が成立する。この関係を式(5.7)に代入すると次式が成り立つ。

$$E_z = 1.95 \times 10^{-4}\left(\frac{T_e}{\lambda_e}\right)\sqrt{\kappa} \tag{5.8}$$

式(5.8)より軸方向電界は電子温度と電子の平均自由行程の比の関数であることがわかる。

〔**4**〕 **径方向電界**   ランプの径方向に両極性拡散が起こり, **2.3.3**項

〔**3**〕の式(2.40)で述べた電界 E_r が存在する．中心軸上の電子密度を n_0，中心から距離 r の場所の電子密度を n_r とし，その電位差を $\Delta V = V_0 - V_r$ とすると，中心軸とそこから距離 r 離れた点までの電位差は次式で示される．

$$\Delta V = -\int_r^0 E_r dr = \frac{kT_e}{e}\log_e\frac{n_0}{n_r} \tag{5.9}$$

5.2.5 陽極降下領域

この領域は電子が陽極に流れ込むために必要である．陽極面積を S，付近の電子密度を n_e，電子の熱運動平均速度を $\langle v \rangle$ として，陽極電位がその付近の空間電位（プラズマ電位）と等しい場合に陽極に流れ込む電子電流 I_e を求める．電子エネルギー分布をマクスウェル分布とし，放電空間中の x 軸に垂直な単位面積に単位時間に流入する電子の数を N_e，$v_x \sim v_x + dv_x$ に電子が存在する確率を $f(v_x)dv_x$ とすると，N_e は次式で表される．

$$N_e = \int_0^\infty n_e v_x f(v_x) dv_x$$

この式に **2.1.3**項〔**2**〕の式(2.8)を用いると次式が得られる．

$$N_e = \int_0^\infty n_e v_x f(v_x) dv_x = \frac{n_e}{4}\sqrt{\frac{8kT_e}{\pi m_e}} = \frac{n_e\langle v \rangle}{4}$$

$$\therefore \quad I_e = \frac{n_e\langle n \rangle S}{4} \tag{5.10}$$

式(5.10)は空間中を流れている電子電流を意味しており，回路が要求する放電電流が式(5.10)の電子電流 I_e より大きい場合は陽極に向かって電子を加速する電圧が形成され，逆の場合は電子を減速させる電圧が発生する．この電圧が陽極降下電圧であり発光には寄与しない．

5.3 ア ー ク 放 電

5.3.1 アーク放電の特徴

放電電流を増加させた最終の放電形態が**アーク放電**である．この放電はガス

圧力により低気圧アーク放電と高気圧アーク放電に分けられる。低気圧アークでは電離気体（プラズマ）中の電子とイオンの温度が異なる。電子の温度は非常に高く，イオンの温度は封入されたガス（中性粒子）温度にほぼ等しい。電子温度，ガス温度ともに径方向分布はほぼ一定である。気圧が増加すると，電子と封入ガスの衝突回数が増え，エネルギー授受が盛んになり電子温度とガス温度は近づき，最後は同じになる。その時を高気圧アークと呼ぶ。高気圧アークの陽光柱では，電子温度とガス温度が同じで数千度になる。このときの電子温度（＝ガス温度）の径方向分布は中心が高く管壁に近寄るほど低い釣鐘形状（bell shape）である。ガス圧力と電子温度，ガス温度との関係を**図 5.7**に示す。

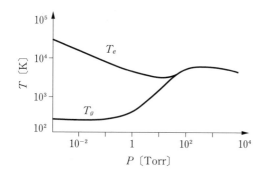

図 5.7　電子温度（T_e）とガス温度（T_g）とガス圧力

5.3.2　電極からの電子放出機構について

アーク放電の電子放出機構には熱電子放出形と電界放出形がある。この違いは電極材料の融点の違いに依存する。

電極材料が高温に耐える（W，Mo，C）場合，放電電流により電極温度が上昇し電子電流が放出される（式(3.2)）。この放電を**熱陰極アーク**と呼び，電極温度は 1 000 K 以上になる。この電極温度は電極材料に依存し，W では 3 000 K に達する場合がある。また，電極温度は陽極と陰極で温度が異なる。陰極時は電子放出のためのエネルギーが必要なため温度が低下し，陽極時は電子が金属内に入るときに余剰なエネルギーを金属に与えるため温度が上昇する。

一方，融点の低いもの（Hg，Ni）はそれが溶けて蒸発するため高温にならず，金属表面に輝点が生じ，そこに強電界が発生し電子放出が起こる。

5.3.3　アーク放電の陽光柱

低気圧アークの陽光柱はグロー放電のものと同じである。高気圧アークでは負グローやファラデー暗部は存在せず，陽光柱のみ存在する（**5.3.1** 項）。実際の電離気体の温度中心は 5 000〜7 000 K に達する場合も多く，ここでは熱電離（**2.2.2** 項）により電子とイオンが発生している。この放電の軸方向電界は電流が増加するほど低下し，ガス圧力が増加するほど上昇する。

5.3.4　放 電 の 応 用

グロー放電はイルミネーション用のネオン放電灯や液晶ディスプレイや液晶テレビのバックライト用光源（気圧は数十 kPa）に応用されている。また半導体プロセスに用いられるスパッタリング装置などはグロー放電の放電物性を利用したものである。

アーク放電はさまざまな分野に多く利用されている。アークから発生する光を利用したものに照明用光源があり，熱を利用したものに炉，溶接などがある。照明用としては，蛍光灯には低気圧アーク放電（気圧は数百 Pa）が応用されており，高圧水銀灯やメタルハライドランプなどに高気圧アーク放電が応用されている。炉としてはアーク炉と呼ばれる大容量なものがある。溶接としては被加工物を一方の電極として，棒状電極との間で発生するアーク放電の熱で棒状電極を溶かし被加工物に付着させるものがある。

演 習 問 題

【**1**】　グロー放電を電圧源で安定に維持させるためにはどうすればよいか述べよ。またその理由も述べよ。

【**2**】　Ar ガス圧 1 Torr，管直径 32 mm の蛍光ランプの陽光柱で電子温度が 11 000 K，Hg イオンのアルゴン中の移動度が 0.14 $m^2/(V \cdot s)$ とすると，この陽光柱内の電離周波数を求めよ。

【**3**】　ペニング効果について述べよ。

6

プラズマの基礎

　これまで気体の絶縁破壊や気体放電の基礎を述べてきた。その中でプラズマという単語をときどき使用した。このプラズマという概念は複雑であるが非常に大切なので，本章で基本的な概念とその代表的な測定法を述べる。

6.1　プラズマの定義と性質

6.1.1　プラズマの定義
　プラズマ（plasma）とは一般に以下の三つの条件を満たしている電離気体のことである。
　1)　異符号の電荷を有する荷電粒子の集合体である。
　2)　そのうち少なくとも一種類の荷電粒子群が不規則な熱運動を行っている。
　3)　その集合体は，外部から見ると電気的にほぼ中性である。
　プラズマは，一つひとつの荷電粒子の集まりと考えること（微視的な見方）もできるし，全体をある特性を有した集合体と考えること（巨視的な見方）もできる。どのような場合にどちらの考え方をするかについて，以下に述べる。

6.1.2　プラズマの微視的な見方と巨視的な見方の境界
　プラズマは，異符号の電荷を有した荷電粒子が熱運動を行っている電気的に中性なものである。しかし異符号の電荷が存在するとき，個々には反発したり吸引したりする（クーロンの法則）。このようにプラズマ中の電子を考えるとき，「クーロンの法則を考慮しなければならない」のか「中性気体とみなして

よい」のかという判断をしなければならない。その判断基準は，どの程度の空間（距離）を対象とするかに依存する。

　プラズマ中で最も重要な役割を果たす電子は，質量が小さいため大きな速度で動く。広い空間を考えるとき，電子は空間中でイオンに衝突するよりも電子どうしが衝突する割合が多い。この衝突とは「実際の剛体の衝突と異なり，近づいた電子どうしのクーロン力による反発で運動方向と速度が変わる状態」をいう。その電子どうしの衝突によるエネルギー授受により，電子は速いものと遅いものが存在するようになり，その速度分布（エネルギー分布）は温度とみなせる。

　電子と正イオンが1個存在している狭い空間を考えると，電子と正イオンの間にはクーロン力が働く。一方，この電子は式(2.6)から系の温度 T による熱エネルギーと等価な運動エネルギーを有しているため，クーロン力に逆らって動こうとする。クーロン力は電子と正イオンの距離が近いほど強くなるため，両者の距離が離れている場合は電子の温度的な動きが支配的であり，近くなるとクーロン力による動きが支配的になる。

　プラズマを「中性気体とみなしてよいかどうか」は，「電子の温度的な動きが支配的かどうか」で決まる。つまり，クーロン力による引力と温度的な動きによる反発力が等しい距離が「中性気体とみなしてよいかどうか」の境目になる。この距離を**デバイ長**（Debye length）と呼び λ_D で示し，この距離より大きな空間ではプラズマを中性気体とみなせる。換言するとクーロン力はデバイ長 λ_D を超えては作用しない。つまり，外部からプラズマへ電位を有する金属などが挿入されても，デバイ長 λ_D より離れた場所ではその電気的な影響が無視できる。これを**デバイ遮へい**（Debye shielding）と呼ぶ。デバイ長 λ_D は電子密度（electron density）と電子温度（electron temperature）を n_e〔1/cm^3〕，T_e〔K〕とすると以下の式で表される。

$$\lambda_D = \sqrt{\frac{\varepsilon_0 k T_e}{n_e e^2}} = 6.9\sqrt{\frac{T_e}{n_e}} \ \text{〔cm〕} \tag{6.1}$$

ここで ε_0, k, e はそれぞれ真空中の誘電率，ボルツマン定数，電子電荷である。

6.1.3 プラズマの集団としての性質

6.1.2項で述べたデバイ遮へいはプラズマが静的平衡状態にある場合のものである。もしプラズマに何らかのじょう乱が与えられた（外部から電界を一時的に与えて非平衡状態になった）場合は，それを打ち消そうと電子が移動する（電荷分離が生じる）。電子は慣性力をもっており，与えられたじょう乱を打ち消す平衡位置に達した後も停止できず行きすぎる。すると逆方向の動きを始める。このように平衡位置をはさんで電子が行う往復運動を**プラズマ振動**と呼ぶ。

このことを一次元で説明する（**図 6.1**）。幅 L のプラズマにじょう乱が生じ，x だけ電子が移動すると，$(L - x)$ の幅のプラズマの両脇に幅 x の電子層とイオン層ができる。イオン層では，n，e，ε_0 をプラズマの電子密度（＝イオン密度），電子電荷，真空中の誘電率とすると，図のプラス（＋）部分と

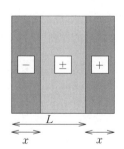

図 6.1 プラズマ振動

コーヒーブレイク

電子温度という温度

一般の気体はランダムな動きをしており，このエネルギーは温度という概念で示される。電離気体中のイオンや電子にもこの概念が適用される。イオンが電界により加速されると原子と衝突し，弾性衝突を繰り返すことでエネルギーの授受が発生し結果的にランダムな動きになり，その温度は封入気体とほぼ同等になる。一方，気体やイオンに比較して電子は小さく軽い。その結果，同じ加速を受けた場合でも原子と衝突する確率も小さく，衝突した場合でも式（2.15）で示されるようにエネルギー授受がほとんどない。そのため電子の動きは原子やイオンと同様にランダムな動きをするが，その速度は非常に速い，すなわちエネルギーが大きい。電子のエネルギーと温度の関係は目安として，1 eV が約1万度である。

マイナス部分（−）の間，すなわち $(L-x)$ の領域に次式で表される電界 E が発生する。

$$E = \frac{nex}{\varepsilon_0} \tag{6.2}$$

この電界により $(L-x)$ の幅に存在する電子が力 F で吸引される。力 F は次式で表される。

$$F = -QE$$

$$= (L-x)ne\frac{nex}{\varepsilon_0}$$

$$= -\frac{(L-x)n^2e^2x}{\varepsilon_0} \tag{6.3}$$

一方，運動方程式に関しては，質量 $m=(L-x)nm_e$，加速度 $a=d^2x/dt^2$ とすると以下の関係式が成り立つ。

$$F = ma = (L-x)nm_e\frac{d^2x}{dt^2} \tag{6.4}$$

$$\therefore \quad (L-x)nm_e\frac{d^2x}{dt^2} = -\frac{(L-x)n^2e^2x}{\varepsilon_0}$$

$$\therefore \quad \frac{d^2x}{dt^2} = -\frac{ne^2}{m_e\varepsilon_0}x = \omega_{pe}{}^2x, \quad \omega_{pe} = \sqrt{\frac{ne^2}{m_e\varepsilon_0}} \tag{6.5}$$

これは単振動の方程式である。この ω_{pe} を**電子プラズマ角周波数**と呼び，m_e は電子の質量である。この m_e をイオンの質量 m_i に置換したものを**イオンプラズマ角周波数**と呼び，ω_{pi} で表す。

このプラズマ角周波数はプラズマ中での電子やイオンの応答の速さを示す。プラズマに周波数 f の電磁波が入射したとき，その電磁波の周波数が $f < \omega_{pe}/2\pi$ ならばプラズマ中の電子は入射電磁波に追随して動き，電磁波の電界を遮断する。これを**カットオフ**と呼び，$f_0 = \omega_{pe}/2\pi$ を**遮断周波数**（cut-off 周波数）と呼ぶ。$f > \omega_{pe}/2\pi$ のとき，電磁波はプラズマ中を通過する。遮断周波数は電子密度を n_e〔1/cm³〕とすると，次式で表すことができる。

$$f_0 = 0.897 \times 10^4\sqrt{n_e} \quad \text{〔Hz〕} \tag{6.6}$$

6.2 シ ー ス 理 論

6.2.1 プラズマと壁の境界

〔**1**〕 **壁が電位を有する金属の場合**　　低気圧プラズマと壁の境界部分で，壁が電位をもつ金属の場合を考える（図 *6.2*）。

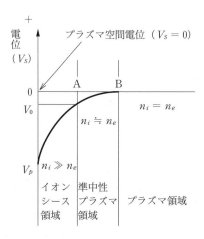

図 *6.2*　プラズマとイオンシース
（電極付近の電位分布）

　壁から離れた場所では電子密度 n_e とイオン密度 n_i が等しく，ここを**プラズマ領域**と呼ぶ。しかし壁に近づくにつれ，壁電位の影響を受け徐々に n_e が減少するものの，その減少量は少なく，$n_i \fallingdotseq n_e$ とみなせる領域が存在する。（準中性プラズマ領域：図の AB 間）。この部分の電界を浸透電界と呼ぶ。さらに壁に近づくと n_e がほとんどなくなり，n_i が多い領域（イオンシース領域）になる。このシース領域の始まり（点 A）の電位 V_0 を**イオンシースの生成条件**あるいは**ボーム条件**（Bohm's criterion）と呼び，以下の式で表される。

$$V_0 = \frac{kT_e}{2e} \tag{6.7}$$

k, T_e, e はそれぞれ，ボルツマン定数，プラズマの電子温度，電子電荷である。イオンは点 B から徐々に加速され始め，点 A からは急激に加速される。プラズマのガス圧が低い場合には AB 間でイオンは中性ガスと衝突しない。

この場合，点 A でのイオンの速度 v_i は V_0 によって以下の式のようになる。

$$v_i = \sqrt{\frac{2eV_0}{m_i}} = \sqrt{\frac{kT_e}{m_i}} \tag{6.8}$$

ここで，m_i はイオンの質量である。したがって，浸透電界によりシース領域へ（すなわち準中性プラズマ領域より点 A へ）流入するイオン電流 I_0 は以下の式のようになる。

$$I_0 = n_i(V_0)ev_iS \tag{6.9}$$

である。ここで，$n_i(V_0)$，S はそれぞれ点 A でのイオン密度，シース表面積である。また電子がマクスウェル分布をしているプラズマの電子密度は式(6.7)より，次式のように示される。

$$n_e(V_0) = n_e(0)\exp\left(-\frac{eV_0}{kT_e}\right) = 0.61n_e(0) \tag{6.10}$$

ここで $n_e(V_0)$，$n_e(0)$ はそれぞれ点 A，点 B での電子密度である。ここで点 B ではプラズマ領域と接しているので，$n_i(0) = n_e(0)$ が成り立ち，点 A は準中性プラズマ領域に接しているので，$n_e(V_0) \fallingdotseq n_i(V_0)$ が成り立つ。

$$\therefore \quad n_i(V_0) = 0.61n_i(0)$$

$$\therefore \quad I_0 = 0.61n_i(0)ev_iS = 0.61n_i(0)\sqrt{\frac{kT_e}{m_i}}S \tag{6.11}$$

　点 A に流入した電流 I_0 はシースの電界により加速されて導体に入る。一方，イオンシース内はほとんどイオンであり，ここを流れる電流はチャイルド・ラングミュアーの空間電荷制限電流 $I_i(V_p)$ で表される。

$$I_i(V_p) = \frac{4\varepsilon_0}{9}\sqrt{\frac{2e}{m_i}}\cdot\frac{(V_p - V_0)}{d^2}S \tag{6.12}$$

ここで，S はシース表面積であり，d はシース厚に依存する値である。シース厚がイオンの平均自由行程より短く，点 A に流入したイオンすべてが壁に流れ込むとすると電流連続の法則より，式(6.11)と式(6.12)が等しくなる。この条件を満たすように d が決まる。壁が平面の場合 d はシース厚に等しい。

〔2〕 **壁が絶縁されている場合**　　低気圧プラズマと壁の境界部分について，壁が絶縁されている場合を考える。プラズマ中には電子と正イオンが存在

し，電子の拡散速度はイオンより大きいため，電子が先に壁に到達する。そして壁はプラズマに対して負になっていき，後からくる電子を電気的にはね返し，イオンを引き寄せる。管壁は電気的に絶縁されているので電流が零（イオン電流＝電子電流）になるまで壁の電位はプラズマ電位に対して低下する。そして壁に流れる電流が零になる電位を浮動電位 V_f と呼ぶ。

電子エネルギー分布がマクスウェル分布であり，かつプラズマ中に存在する面積 S の面がプラズマと同電位の場合，それに流れ込む電流 I_e は 5.2.5 項の式 (5.10) で示される。しかし，この面が浮動電位 V_f をもっている場合，この面に流れ込む電子電流 $I_e(V_f)$ は以下の式で示される。

$$I_e(V_f) = I_e \exp\left(-\frac{eV_f}{kT_e}\right) = \frac{n_e \langle v \rangle S}{4} \exp\left(-\frac{eV_f}{kT_e}\right) \quad (6.13)$$

この電子電流がイオン電流と等しくなるように浮動電位は決まる（このとき $n_i = n_e$ が成立しているとする）。つまり，イオン電流は式 (6.11)（式 (6.11) と式 (6.12) は等しい）で表されることより，式 (6.11) と式 (6.13) が等しくなるように V_f が決まる。

6.2.2 プラズマ計測（プローブ法）

プラズマの性質を知るためには，電子密度（＝イオン密度）と電子温度の二つを知ることが必要である。これらの測定方法は大きく分けて3種類ある。まず電磁波を当ててその反射などを測定する方法，つぎに光（レーザー）を当ててその吸収割合などを測定する方法，最後にプラズマ中に細い針金（プローブ）を入れ，それに電位をかけて流れる電流を測定する方法である。ここでは最後のプローブを利用する方法の原理を簡単に説明する。

この方法は，挿入するプローブの本数により，シングルプローブ法（1本），ダブルプローブ法（2本），トリプルプローブ法（3本）の3種類がある。この中で最も基本的なシングルプローブ法について説明する。プローブ（金属）に電位がかかると電子，イオンが流れ込む。ここでは流れ込む電子について説

明する（イオンについては **6.2.1** 項〔**1**〕）。電子はマクスウェル分布をしており，プラズマ中を動き回っている。いま，プラズマ中に挿入されたプローブ電位 V_p とプラズマ電位 V_s に差がある場合（$V_p < V_s$），プローブに到達する電子と達せずにはね返される電子が存在する（**図 6.3**）。

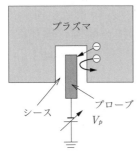

図 **6.3**　プローブ法の原理

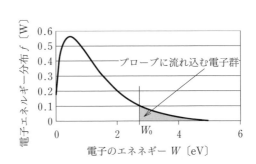

図 **6.4**　マクスウェル分布

V_p と V_s の差を W_0，電子の有するエネルギーを W とすると $W \geqq W_0$ の電子群だけがプローブにたどり着き，$W < W_0$ の電子群ははね返される（**図 6.4**）。そして挿入されたプローブの電位が変化するとプローブに流入する電子の量（電子電流）が変化する。その電子電流を測定することで電子温度，電子密度を測定できる。

　プローブに流れる電流 I_p は電子電流 I_e とイオン電流 I_i の和である（**図 6.5**）。図中の V_f は $I_e = I_i$ になる点でプローブの浮動電位である。ここで電子電流はプローブ電流からイオン電流を引いたものであり，次式で表される。

$$I_e = I_p - I_i \tag{6.14}$$

グラフ（測定できるのは I_p であり，I_i は I_p の接線とする）より，I_e を求める。I_e はマクスウェル分布をしているので以下の式になる。

$$I_e = I_{e0}\exp\left(-\frac{eW}{kT_e}\right), \quad W = V_s - V_p \tag{6.15}$$

I_e を片対数グラフに描くと，傾きの逆数が電子温度を示す。電子密度 n_e 〔1/cm³〕は次式で表される。

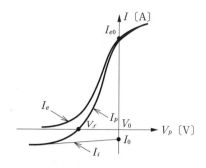

図 **6**.5　シングルプローブ特性

$$n_e = 4.03 \times 10^{13} \frac{I_{e0}}{S\sqrt{T_e}} \qquad (6.16)$$

ここで，S〔cm²〕，T_e〔K〕，I_{e0}〔A〕，はプローブの表面積，電子温度，プラズマ電位 V_s における電子電流である。

6.2.3　プラズマの種類と計測法

　プラズマの測定方法は，プラズマの電子温度 T_e と電子密度 n_e によって適したものが異なる。$T_e <$ 数 eV，$n_e < 10^{10}$cm⁻³の領域ではプローブのほうが適しており，$T_e >$ 十数 eV，$n_e > 10^{14}$〔cm⁻³〕の領域では電磁波あるいはレーザー分光による測定が適している。この間の領域（数 eV $< T_e <$ 十数 eV，10^{10} cm⁻³ $< n_e < 10^{14}$cm⁻³）はどちらでも測定可能である。

演 習 問 題

【1】　電子温度11 000K，電子密度1 × 10¹¹〔1/cm³〕のプラズマのデバイ長を求めよ。

【2】　電子密度 1 × 10¹²〔1/cm³〕のプラズマのカットオフ周波数を求めよ。

【3】　電子密度 1 × 10¹²〔1/cm³〕の Ar ガスプラズマにおける電子プラズマ周波数とイオンプラズマ周波数を求めよ。

【4】　デバイ遮へいについて述べよ。

7

液体の絶縁破壊

　絶縁油（insulating oil）などに代表される液体絶縁体は，古くから電力ケーブルや変圧器，電力用コンデンサ，遮断器などの電気絶縁および冷却剤として用いられてきた。この理由として，液体絶縁は気体絶縁に比べ絶縁破壊電圧が高いことや，分子間隔が固定されていないため固体絶縁に比べ流動性があり，絶縁空間の形状に自由度をもたせることができるためである。

　一般に液体絶縁は，気体絶縁に比べ約 10 倍程度の絶縁耐力を有するといわれている。本章では，基礎理論から実用機器までの液体中の絶縁破壊メカニズムについて説明する。

7.1　液体中の電気伝導特性

　平等電界において直流電圧を印加すると，純粋な液体における電気伝導は**図 7.1** に示すような特性を示す。電界が低いときは式(7.1)に示すオームの法則に従い，印加電界に応じた電流が流れる。液体の導電率はオームの法則が成

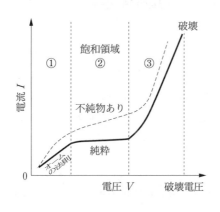

図 7.1　液体の電気伝導

立するこの領域で定義される。

$$J = ne\mu E \quad (\mu = \mu_+ + \mu_- : +\text{正イオン}, -\text{負イオン}) \qquad (7.1)$$

左辺は電流密度 J であり右辺はイオンの電荷量 e と密度 n，正イオンまたは負イオンの移動度 μ（mobility）を示している。この場合の電荷は液体中に存在するイオンである。液体は種類や精製方法によって粘度が異なる。例えば，液体中におけるイオンの移動度と液体の粘度は相反するというワルデン（Walden）則が成り立つ液体の場合，粘度が低いほどイオンの移動度は大きくなると考えられる。

飽和領域は液体の種類に依存し，おもに不純物が少ない液体において認められる。単位時間に発生したイオンがすべて電極に達し，液体中のイオン密度が一定に保たれることが原因である。

高電界領域になると電荷密度（charge density）が高くなるため，電流も急激に増加する。おもな原因として，電極からの電子注入（electron injection）と液体中での荷電粒子の発生が考えられる。電極からの電子注入メカニズムは，4 章で述べたように，電界放出や，熱電子放出，これらの相乗効果としてショットキー効果による電子放出などが考えられる。液体中での荷電粒子の発生メカニズムは，印加電界による不純物分子の解離（dissociation），電子が電界によって加速されることによる衝突電離などが考えられる。

7.2　液体の絶縁破壊機構

液体は気体に比べ分子密度が高く，液体の分子間距離は液体分子の大きさとほぼ同程度であると知られている。したがって，気体に比べ平均自由行程は短く，液体中の衝突電離による破壊は高電界でなければ引き起こすことができないと考えられる。一方，実用機器に用いられる液体にはガスや水分さらには繊維などの不純物が多少含まれていることもあり，絶縁破壊メカニズムはこれらの影響を受けやすい。

液体の絶縁破壊メカニズムを大別すると電子的破壊と気泡破壊に分類され

る。さらに，不純物や液体の帯電など二次的要因にも影響されやすいことから
液体の破壊メカニズムは複雑となる。

7.2.1 電 子 的 破 壊

気体放電と同様，陰極からの電子注入によって液体中に電子が供給される
と，外部電界により加速され電離に必要なエネルギーを得る。電子なだれが液
体の絶縁破壊電圧を決定すると仮定すると，絶縁破壊の強さ E_b は式 (7.2) で
与えられる。

$$E_b \propto \frac{h\nu}{e\lambda} \tag{7.2}$$

ここで，λ は平均自由行程である。つまり，電界から得ることのできるエネ
ルギー $eE_b\lambda$ と，液体を電離または解離するために必要なエネルギー $h\nu$ （h
はプランク定数，ν は分子の振動数）との平衡が崩れたとき，破壊が生じると
考えられる。液体の分子間隔は液体分子程度しかなく，気体と比較して小さい
ことから平均自由行程も短く，電子なだれが開始するために必要な電界は高く
なる。

液体においては，電子的破壊が発生する高電界に達する前に，他のメカニズ
ムで破壊することが多い。液体における電子的破壊と他の破壊メカニズムの違
いは液相における衝突電離の有無と考えられる。

7.2.2 気 泡 破 壊

液体は一般に非圧縮性であるため外部から圧力をかけても絶縁破壊電圧は大
きく変化しない。しかしながら，実際に実験を行ってみると圧力の増加ととも
に絶縁破壊電圧が上昇し飽和する傾向が認められる。このことから，液体中に
気泡（bubble）が存在し，気泡が原因で液体の絶縁破壊電圧が低下すると考
えられている。

7.2.1 項で説明したように，液体そのものの破壊電界は気体に比べ高いこ
とから，液体中に気泡が発生したり存在したりすると，低い電界で気泡中に放

電が生じ，気泡の成長を引き起こしたり最終的に気泡中の放電がトリガ（trig-

コーヒーブレイク

超電導機器の電気絶縁　―極低温の世界―

　ある種の物質を一定温度以下にしたとき，電気抵抗が0となる現象を超電導という。超電導状態となったコイルに一度電流を流すと永久に流れ続け，永久磁石の数十倍もの磁界が得られる。JRリニアモーターカーの車両の場合には，ニオブチタン合金を用い，液体ヘリウムで−269℃に冷却することにより超電導状態をつくり出している。このような強力な磁石は核融合実験炉でプラズマを閉じ込めるためにも用いられている。その他に超電導現象を利用した電力ケーブルなど，その応用分野は広い。

　冷媒と同時に液体絶縁の役目を果たす液体ヘリウムや液体窒素などの絶縁破壊電圧は，絶縁油とほぼ同じであることから，エネルギー密度の高い電力機器が実現できる。

超電導コイルを用いた核融合実験炉
（核融合科学研究所）

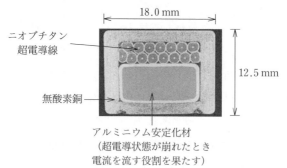

18.0 mm

ニオブチタン
超電導線

12.5 mm

無酸素銅

アルミニウム安定化材
（超電導状態が崩れたとき
電流を流す役割を果たす）

超電導コイル断面

ger）となったりして液体の全路破壊を導く。これを**気泡破壊**という。気泡の発生過程は種々の要因が考えられるが，電界を印加することによって液体中に発生する場合と，何らかの理由で液体中に存在する場合がある。

気泡が発生するおもな原因は，**図 7.2**(a)に示すように電子注入によって局所的に発生するジュール発熱に伴う液体の気化や，電界で加速された電子による液体の衝突解離などが考えられる。また，図(b)のように液体の注入時における電極やスペーサ表面それらの継目や割目などに残留する気体も気泡の原因と考えられる。

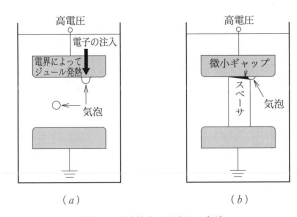

図 **7.2** 液体中に発生する気泡

気泡が存在する液体に電界を印加すると，気泡に電荷が蓄積される場合がある。特に電極に付着した気泡は電荷の影響を受けやすい。液体の表面張力に比べ電荷による静電力（electrostatic force）が大きいと気泡は成長する。

7.3 不純物の影響

絶縁油には若干のガスや水分が含まれていることが多い。また，絶縁油を注入する絶縁空間には，機器の製造過程で混入する可能性のある繊維や金属性の導電性異物などの不純物が多少なりに存在する。これらは液体の絶縁破壊メカニズムに影響を与える。

7.3.1 不純物による破壊

絶縁油中に不純物が存在すると絶縁破壊電圧は低くなる可能性がある。例えば，絶縁油に水分が含まれると破壊電圧は著しく低下することがある。**図7.3**(*a*)，(*b*)に水分が存在する場合の破壊過程のモデルを示す。

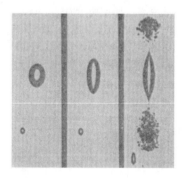

（*a*）　油中に水滴がある場合の破壊過程

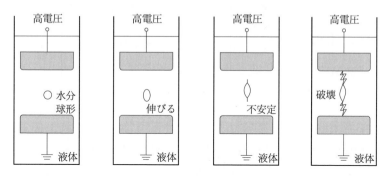

（*b*）　水滴がある場合の破壊モデル

図7.3　破壊に及ぼす水分の影響〔図(*a*) 大重　力，原　雅則：
高電圧現象，p. 161，森北出版 (1994)〕

図7.4 は繊維と水を含む絶縁油の破壊傾向を示したものである。この場合の破壊モデルを**図7.5**に示す。①繊維の中に水分が吸収される（図(*a*)，(*b*)）。②繊維が水分を含んだことによって見かけの誘電率が大きくなり，液体中を静電力によって移動する（図(*c*)）。③これらが電極に到達すると繊維先端の電界が強まる。④電界が強まった場所では，新たな繊維が引き寄せられ

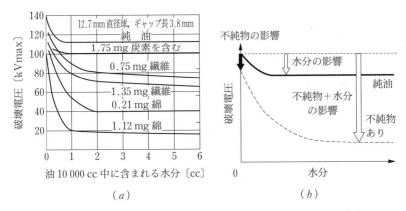

図 7.4 繊維と水を含む絶縁油破壊傾向〔図(b) 大重 力, 原 雅則:
高電圧現象, p. 165, 森北出版 (1974)〕

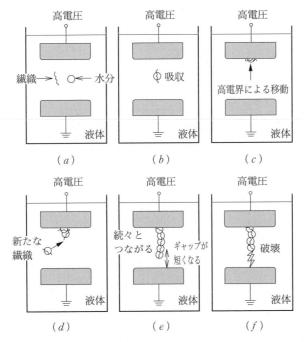

図 7.5 不純物を含む液体における破壊モデル

やすくなるため (図(d)), 繊維がまるで橋をつくっているかのようにつながり
(図(e)), 電極間距離を縮め絶縁破壊を引き起こす (図(f))。これを橋絡という。

　液体中に浮遊する不純物の誘電率が液体に比べて大きければ，不純物は電界の高い場所に移動しやすくなることから混入される不純物に注意が必要である。

7.3.2　面積・体積効果

　液体の絶縁破壊メカニズムは不純物や気泡などの絶縁系における弱点に起因することが多い。このため同一条件で実験を行っても絶縁破壊電圧にばらつきを生じることがある。電界が印加される絶縁系のサイズが大きくなると，絶縁空間内に存在する弱点が増える確率が高くなるため，破壊確率も必然的に増大する。このような現象を**面積効果**（area effect），**体積効果**（volume effect）と呼ぶ。前者は面積に依存し，例えば電極などの突起やそれに付着する気泡などが原因であり，同じギャップ長の平等電界とみなせる電極でも電極の面積が大きくなると絶縁破壊電圧は低下する。後者は体積に依存し，絶縁空間に存在する不純物などがおもな原因となる。

7.3.3　ワイブルプロット

　絶縁系における最弱点に起因する破壊を**弱点破壊**（weak spot break-down）という。実用機器の長期信頼性確保や性能評価のため，弱点破壊メカニズムに起因する現象を統計的に処理する必要がある。絶縁破壊の統計的処理には，① 正規分布によるもの，② 指数関数分布によるもの，③ ハザード確率によるものがある。

　正規分布は，気体放電のように破壊電圧にばらつきが少なく，おもに印加電圧に依存する場合に用いられる。指数関数分布は絶縁破壊メカニズムが時間に依存しない場合に用いられる。ハザード確率は，一般に**図 7.6**(a)に示すバスタブ曲線で表される① 絶縁の初期欠陥に依存する初期破壊領域，② 絶縁破壊メカニズムによって決定される領域，③ 長期絶縁劣化によって絶縁の性質が維持できなくなる領域に分類できる，破壊確率が時間的に変化する確率分布の場合に適用される。この特性を示すことができる関数が，ワイブル（Weibull）分布（図(b)）である。

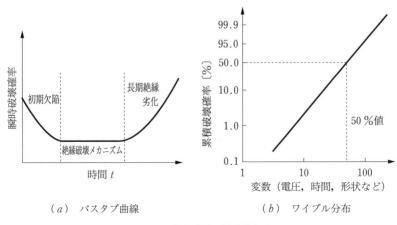

(a) バスタブ曲線　　　　　(b) ワイブル分布

図 7.6 絶縁破壊の統計的処理

ある電界 V_n の印加した系全体の破壊確率を $P(V_n)$ とする。例えば，系全体に三つの弱点が存在すると仮定する。弱点破壊ではある一つの弱点で破壊が生じたとき，系全体の絶縁破壊が決定されると考えられるため，系の破壊確率は数学的に式(7.3)で表すことができる。

$$1 - P(V_n) = (1 - P_1(V_n)) \times (1 - P_2(V_n)) \times (1 - P_3(V_n)) \quad (7.3)$$

(左辺：系全体が破壊しない確率) = (右辺：三つの弱点で破壊しない確率)

系全体に n 個の弱点が存在する一般形に拡張し，n 個の弱点は同じ破壊確率 P_n で破壊すると仮定すると，全体の破壊確率は式(7.4)となる。

$$P(V_n) = 1 - (1 - P_n(V_n))^n \quad (7.4)$$

上式を変形し，n を大きくすると式(7.5)に近似される。

$$\ln(1 - P(V_n))^n = n \times \ln(1 - P_n(V_n)) \cong -n \times P_n(V_n) \quad (7.5)$$

ワイブルは破壊確率 $P_n(V_n)$ が印加電圧 V の増加に伴い増減することを実験的に見出し，式(7.6)を与えた。すなわち，ワイブル分布は経験則を示しているともいえる。x は形状パラメータと呼ばれる定数である。

$$P_n(V_n) = \left(\frac{V}{V_n}\right)^x \quad (7.6)$$

弱点破壊に起因するワイブル分布関数は式(7.7)のように表すことができる。

$$P(V_n) = 1 - \exp\left\{-n \times \left(\frac{V}{V_n}\right)\right\}^x \tag{7.7}$$

7.4 流 動 帯 電

図 **7.7** に示す**流動帯電**（streaming electrification）とは，液体の輸送やフィルタを介したろ過，実用機器への液体注入時における摩擦などが原因で，液体が帯電する現象である。機器の冷却の観点から液体を循環させる場合では影響が大きい。

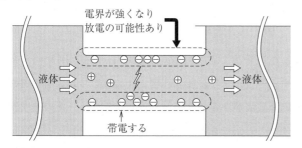

図 7.7 流動帯電のモデル

絶縁油はその要求性能から導電率がきわめて小さい。そのため流動が原因で帯電しやすく，帯電を緩和させるには時間を要する。帯電による電荷密度が大きくなると，配管などの突起部分で高電界が形成され最終的に放電に至る。なお，帯電が原因で放電が発生するため放電は持続せず間隔があくことが多い。

演 習 問 題

【1】 液体における主たる絶縁破壊メカニズムを説明せよ。

【2】 橋絡について説明せよ。

【3】 気泡破壊について説明せよ。

【4】 ある不純物が原因で破壊する確率を単位面積当り $p = 50\%$ とすると，電極面積が5倍に変化した場合，破壊する確率はどのようになるか説明せよ。

【5】 流動帯電について説明せよ。

【6】 液体の電気伝導について，低電界領域，飽和領域，高電界領域についてそれぞれ説明せよ。

8

固体の絶縁破壊

固体絶縁体（solid insulation）は，メンテナンスが容易で，絶縁耐力が高くコンパクトな絶縁設計が可能なため電力ケーブルなどの高電界電気絶縁に用いられている。固体絶縁は一般に気体絶縁の約 100 倍程度の絶縁耐力を有するといわれている。固体は，共有結合，イオン結合，金属結合，ファン・デル・ワールス力（van der Waals force）による結合など，化学結合によって結ばれているため，気体や液体と比較すると自由に流動することができない。したがって絶縁破壊（dielectric breakdown）が生じると固体の構造は破壊され，電圧の印加を停止しても絶縁性能を自己回復することは困難となる。

本章では，固体の破壊メカニズムと実用機器に用いられている高分子絶縁（polymer insulation）材料の破壊特性について説明する。

8.1 固体中の電気伝導特性

固体絶縁体における電圧-電流特性を図 *8.1* に示す。固体絶縁体中では自由に動くことのできる荷電粒子が非常に少ないため電圧が低いときはオームの

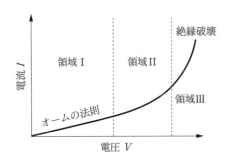

図 *8.1* 固体絶縁体の
電圧-電流特性

法則に従う。さらに電圧を増すと飽和領域を示さず電流は非直線的に増加し，ある電圧以上になると荷電粒子が急増し電気絶縁性を失う。これが固体の絶縁破壊である。

固体中に電気が流れるためには荷電粒子が必要である。固体内部における荷電粒子には，① 内部で発生するイオン（ion）および電子（electron）や正孔（hole），② 電界を印加することで電極から注入される電子が考えられる。荷電粒子がイオンである場合をイオン性伝導といい，固体絶縁においてはおもに低電界での電気伝導の原因と考えられている。一方，荷電粒子が電子や正孔の場合を電子性伝導といい，おもに高電界領域での電気伝導の原因と考えられている。

8.1.1 イオン性伝導

固体は原子が規則正しく配列された結晶性（crystalline solid）をもつものと，ガラスなど結晶性をもたないもの（amorphous solid）がある。結晶性をもつ固体では，図 8.2 に示すような結晶構造を形成し，格子点の原子は熱エネルギーを得て振動している。これを**格子振動**（lattice vibration）という。

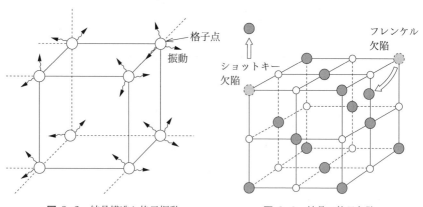

図 8.2　結晶構造と格子振動　　　図 8.3　結晶の格子欠陥

しかしながら，実際の固体は化学式で与えられる理想的な構造とは少し異なり，本来配置される位置に原子がなかったり，他の場所に余分に配置されていたり，不純物原子と置換されていたりと規則性が乱れている。これを**格子欠陥**

(lattice defect) という。**図8.3**に示すように欠陥の配置によってフレンケル欠陥（Frenkel defect）とショットキー欠陥（Schottky defect）に分類することができる。

フレンケル欠陥は，本来あるべき場所から原子が動かされ格子の間隔に原子が入り，あるべき場所に原子がない（空孔）状態を示す。イオン半径の小さい正イオンがフレンケル欠陥をつくりやすい。ショットキー欠陥は，格子の熱振動により本来ある場所に原子が存在せず表面に出た状態を示す。

格子欠陥が存在すると，近くのイオンは電界のエネルギーによって格子欠陥へと移動する。

一方，高分子などは，熱解離や，高分子内に存在する不純物などがイオンとなり供給される。電界により固体中のイオンは，ある安定な位置からつぎの安定な位置まで移動する。

8.1.2 電 子 性 伝 導

固体内部の電子は束縛されているが，熱や光，電界などの外部エネルギーを得ると荷電粒子の密度や移動度が増し電子性の伝導が生じる。このとき，荷電粒子の発生や移動は電極からの注入電子によるものと，試料そのものに起因するものとに分類される。

電極から電子が注入される過程には**3**章で述べた電子の放出と同様の機構があり，これらは①ショットキー注入と，②トンネル注入と呼ばれる。金属と固体絶縁体の間には電位障壁が存在するため，電極からの電子注入はこの障壁を飛び越えなければならない。電子が障壁を飛び越えるためのエネルギーが熱である場合を熱電子放出といい，光である場合を光電子放出という。一般に，熱エネルギーが大きいほど障壁を飛び出す確率が増加する熱活性形となる。

ショットキー注入は，電極金属と固体との電位障壁が外部電界を印加することにより引き下げられ，電子の注入を促進する現象である。電界が障壁の傾きを変化させるため外部電界が高いほど電界方向への移動が促進され電流が大き

くなる。

トンネル注入は障壁の厚さが薄くなることで，量子力学的に電極から固体絶縁体内に電子が注入される現象である。

試料内で電荷が伝導または急増する過程はバルク制限形伝導と呼ばれ，①プール・フレンケル伝導（Poole-Frenkel effect），②ホッピング伝導（hopping conduction），③電子なだれ（electron avalanche）などがある。

電子は固体絶縁体内のいろいろな準位でトラップされている。プール・フレンケル伝導は，電界を印加することにより試料内部でショットキー注入と同様な効果が生じ，電子が伝導帯に飛び出すことにより伝導する。ホッピング伝導はイオン性伝導で述べたように，ある安定な位置からつぎの安定な位置まで飛び移る現象である。電子なだれは絶縁破壊電界付近における α 作用によって電子が急増し伝導する現象である。

8.2 誘 電 分 極

一般に，絶縁体は**誘電体**（dielectrics）とも呼ばれる。電気を絶縁する性質に着目した場合を絶縁体，電荷を蓄える性質に着目した場合を誘電体という。絶縁体に電界を印加すると絶縁体中に存在する正または負の電荷が移動する。これを**誘電分極**（dielectric polarization）という。電荷を蓄える性質を決定するのがこの誘電分極である。

誘電分極には，図 **8.4** に示すように①電子分極（electronic polarization），②原子分極（atomic polarization），③配向分極（orientation polarization），④界面分極（interface polarization），⑤空間電荷分極（space charge polarization）がある。

分極が生じると電荷の移動が起こるため，電界を印加すると図 **8.5** に示すよう各種分極に関連した**瞬時電流**（instantaneous current）が流れる。電子分極および原子分極は瞬時に分極が形成され，その他の分極は比較的時間がかかる。

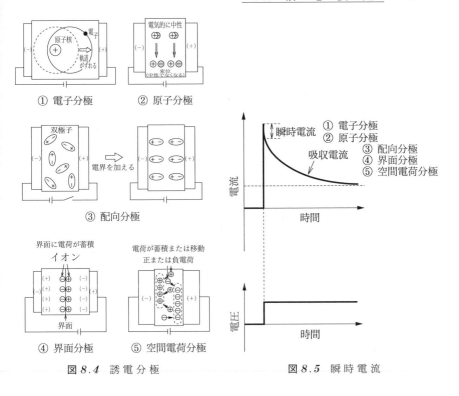

① 電子分極　　② 原子分極

③ 配向分極

④ 界面分極　　⑤ 空間電荷分極

図 8.4　誘電分極

図 8.5　瞬時電流

8.3　誘 電 損 失

　固体に交流電界を印加すると，分極が繰り返されることによって電力損失が発生する。これを**誘電損失**（dielectric loss）という。コンデンサ C_0 の電極間が真空である場合，交流電圧 $\dot{V}$ を印加すると電流 $\dot{I}_0$ は 90°位相が進む。

$$\dot{I}_0 = j\omega C_0 \dot{V} \tag{8.1}$$

　一方，電極間を**図 8.6** で示す静電容量と抵抗の並列等価回路で表せる誘電体で満たすと，コンデンサ C には**図 8.7** に示すように，$\dot{I}_0$ よりも δ だけ位相がずれた電流 $\dot{I}$ が流れる。電流 $\dot{I}$ は $\dot{I}_0$ と同相の充電電流成分 $\dot{I}_C$ と 90°位相の遅れた損失電流成分 $\dot{I}_R$ の和となる。$\dot{I}_R$ は抵抗に流れる電流とも考えることができる。$\tan \delta$（タンデルタ）は損失電流成分の充電電流成分に対する

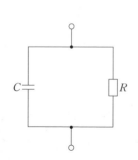 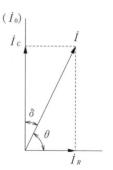

図 *8.6* 誘電体の並列等価回路 図 *8.7* 電圧-電流特性

割合を示しており，**誘電正接**（dielectric loss tangent）という。またこの場合の位相差 δ を**誘電損角**（dielectric loss angle）という。これらは誘電体によって決まる定数である。

$$\dot{I}_c = j\omega C \dot{V} \tag{8.2}$$

$$\dot{I}_R = \frac{\dot{V}}{R} \tag{8.3}$$

$$\tan \delta = \frac{I_R}{I_c} = \frac{1}{\omega RC} \tag{8.4}$$

このとき生じる損失を $\tan \delta$ を用いて表すと式(8.5)となる。

$$W = VI\cos \theta = VI_R = VI_c \tan \delta \tag{8.5}$$

ここで式(8.2)より誘電損失は式(8.6)で表すことができ，電圧の2乗と周波数に依存することがわかる。

$$W = \omega CV^2 \tan \delta \tag{8.6}$$

また，誘電体を静電容量と抵抗の直列等価回路で表す場合は，*14.2* 節の $\tan \delta$ の測定方法で説明する。

8.4 絶縁破壊理論

固体誘電体における絶縁破壊機構は破壊に対するエネルギーによって，おもに ① 電子的破壊，② 熱的破壊，③ 電気機械的破壊に分類することができる。

8.4.1 電子的破壊

電子的破壊（electric breakdown）は固体内の電子が破壊のおもな原因となる。電界が高くなるにつれ電流密度が増加する。固体そのもののエネルギー平衡条件から破壊が引き起こされる ① 真性破壊，気体放電と同様に電離エネルギーを得ることで破壊が生じる ② 電子なだれ破壊に大別される。

薄膜の場合 ③ トンネル効果に伴う破壊も考えられるがここでは省略する。

〔**1**〕 **真性破壊**　　電界を印加すると固体内の電子はエネルギーを得て加速される。加速された電子は通常，格子や他の電子に衝突してエネルギーを失っている。外部電界で得たエネルギーが衝突して固体内部で吸収できるエネルギーより低い場合には固体はその形状を保つ。印加電界が高くなり伝導電子の得るエネルギーが格子の吸収できるエネルギーを超えた場合，エネルギーバランスが崩れ固体の破壊につながる。このような破壊を**真性破壊**（intrinsic breakdown）という。

▋ コーヒーブレイク

プリント基板回路の絶縁

コンピュータや薄型テレビなど機器の小型化に伴い電子回路は微細化されている。近い将来には，ナノテクノロジーで電子回路も設計されるかもしれない。これらの回路は低電圧であるが集積化すると電極間が短くなるため，実際の電界（$E = V/d$）は高くなる。高電界に対する電気絶縁が重要となる。

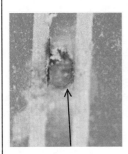  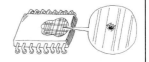

放電跡の一例　　　　　　　　　　　　　　　　　　　　　　超 LSI

プリント基板の絶縁破壊

エネルギーバランスの極限値の取り方によって，①ヒッペル（von Hippel）の低エネルギー基準，②フレーリッヒ（Frölich）の高エネルギー基準で説明されている。真性破壊は破壊メカニズムが試料形状に依存しない。

〔**2**〕　**電子なだれ破壊**　　固体における**電子なだれ破壊**（electron avalanche breakdown）は，気体放電における電子なだれメカニズムとほぼ同様の考え方で説明できる。電子が電界によって加速され，衝突したとき他の原子を電離するのに十分なエネルギーを与えると衝突電離が生じる。衝突電離を繰り返すことで電子雪崩が進展し固体格子構造を破壊する。

ザイツ（Seitz）によって1個の電子が衝突電離を約40回繰り返せば固体の絶縁破壊が生じると唱えられた。気体の電子なだれと同様に，電子の総数が破壊に影響を与える。

電子なだれ破壊は，電子なだれの進展が破壊電圧を決定するため真性破壊と比較して，なだれが進展するために時間を要すること，試料の形状に対して影響を受けることが考えられる。また，初期電子の数がなだれの成長に関与するため，電荷注入を支配する電極金属にも影響されやすい。

8.4.2　熱 的 破 壊

熱的破壊（thermal breakdown）は電界から与えられるエネルギーによりジュール発熱や誘電体損失が発生し，温度が固体の融点に達したとき，固体構造が破壊する現象である。局部的な熱の発生を考えるワグナー（Wagner）の理論や，全体で熱の非平衡が生じる理論で説明される。いずれも，外部電界によって生じる発熱が，熱放散より大きくなることで固体の温度が上昇し絶縁破壊へ至る。

熱的破壊の基本式を式(8.7)に示す。左辺で示すジュール発熱で発生するエネルギーは，右辺で示す固体の温度上昇のためのエネルギーと熱伝導によって放熱するエネルギーとの差と平衡していること意味している。

$$\sigma E^2 = C_v \frac{dT}{dt} - \text{div}(\kappa \cdot \text{grad } T) \quad \text{〔J〕} \qquad (8.7)$$

ここで，σ：導電率，E：電界，C_v：比熱，T：温度，t：時間，κ：熱伝導率である。熱的破壊は電界印加時間によって，定常熱破壊（steady state thermal breakdown）とインパルス熱破壊（impulse thermal breakdown）とに分類することができる。

電圧をゆっくりと上昇させた場合や，直流電圧を長時間印加した場合，固体内の温度変化は小さいため，右辺の第一項は省略される。これを定常熱破壊という。発生した熱エネルギーは周囲への熱伝導エネルギーとなる。定常熱破壊では熱が定常状態に保たれていることから，破壊電圧は周囲の温度，固体や電極の熱的物性，固体の幾何学的要素に影響される。

$$\sigma E^2 = - \operatorname{div}(\kappa \cdot \operatorname{grad} T) \tag{8.8}$$

インパルス電圧のような短時間の電圧を印加した場合，熱伝導が起こる時間がないため，すべて固体の温度を上昇させるためのエネルギーとして用いられる。このとき，右辺の第二項は省略される。これをインパルス熱破壊という。短時間での温度上昇が破壊に影響を及ぼすため，絶縁破壊は電圧印加時間や電圧波形に影響される。

$$\sigma E^2 = C_v \frac{dT}{dt} \tag{8.9}$$

熱的破壊は電子的破壊と比較して，熱が直接破壊に関与するため破壊までの時間遅れが大きく，絶縁破壊の強さが周囲温度に対し影響される。

8.4.3　電気機械的破壊

固体に電界を印加すると式(8.10)に示されるマクスウェル応力が発生する。マクスウェル応力が固体の機械的応力より大きい場合，平衡状態が保たれなくなり固体の破壊に至る。このような破壊を**電気機械的破壊**（electromechanical breakdown）という。

$$F = \frac{\varepsilon E^2}{2} \quad \text{〔N/m}^2\text{〕} \tag{8.10}$$

熱可塑性高分子絶縁材料では温度が高くなると軟化する傾向を示すことか

ら，実用機器の運転温度では電気機械的破壊の要素を含んでいる。電気機械的破壊は材料の性質や熱に対して影響を受けやすい。

8.4.4 破壊に影響を及ぼす要因

これまで固体の絶縁破壊メカニズムを単独で説明してきたが，実際はこれらのメカニズムが複雑にからみ合って絶縁破壊が引き起こされる。

固体の絶縁破壊も空間電荷効果や電極形状，試料形状など二次的要因の影響を受けやすい。ここではおもな二次的要因について説明する。

〔1〕 **空間電荷効果**　　空間電荷が存在すると固体内部の電界分布をひずませる可能性がある。このため，固体の絶縁破壊は空間電荷によって大きく左右される。空間電荷は電極からの電荷注入や試料内での電荷トラップなど種々の要因で形成される。空間電荷の形成は印加電圧波形や時間などに影響を受けやすく，特に直流電圧（電界）を印加した場合では破壊メカニズムを複雑化させる主要因となる。

図 8.8 に示すように，陰極付近に負の空間電荷が蓄積される場合，電極に対して同極性であることから**ホモ**（homo）**空間電荷**と呼ばれる。一方，正の空間電荷が蓄積される場合，電極に対して異極性の電荷であることから**ヘテロ**（hetero）**空間電荷**という。

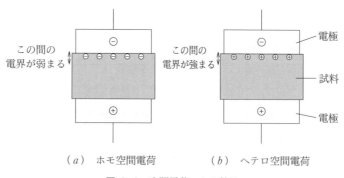

（a） ホモ空間電荷　　　　（b） ヘテロ空間電荷

図 8.8 空間電荷による効果

〔**2**〕 **電 極 形 状**　固体の絶縁破壊試験を行う場合，破壊は**図 8.9**(*a*)～(*c*)のような経路で生じる可能性がある。図(*a*)で示すように，固体で破壊が生じなければ本質的な破壊メカニズムを特定することはできない。しかしながら，実際には図(*b*)のように固体の表面に沿って放電が進展することや，図(*c*)のように電極と固体の間に隙間があくと，そこに存在する気体や液体などの周囲媒質で最初に放電が生じ，固体の破壊を導くこともある。図(*c*)の効果を**媒質効果**（medium effect）という。

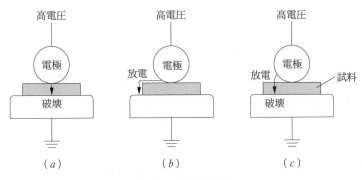

図 8.9 破 壊 経 路

　図 8.10(*a*)，(*b*)に示すように，他の要因を排除し固体部分で破壊を生じさせる工夫がなされた，リセス（Recess）試料やマッケオン（Mckeown）試料を用いるとよい。

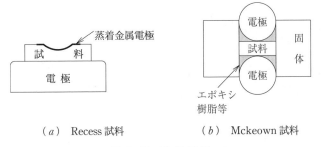

（*a*）　Recess 試料　　　　（*b*）　Mckeown 試料

図 8.10 電 極 形 状

〔**3**〕 **試料厚さ**   絶縁破壊電圧 V と試料の厚さ d の関係は式(8.11)で示される。真性破壊の場合は $n = 1$ となり，破壊電界は試料の厚さに依存しない。しかし真性破壊が生じる前に他のメカニズムが先行すると $n < 1$ となる。つまり，固体が厚くなると絶縁破壊電圧は上昇するが，絶縁破壊電界は低下することを意味する。これを厚さ効果という。固体の最も破壊しやすい場所で破壊に至ると考えられるため，液体の面積効果や体積効果と同じ考え方で説明できる。

$$V \propto d^n \quad (n \le 1) \tag{8.11}$$

8.4.5 絶縁破壊の温度特性

高分子の状態は温度によって変化するため，破壊メカニズムも温度によって影響される。絶縁の長期信頼性を確保するためには機器の使用温度を把握し，絶縁破壊に及ぼす温度依存性から絶縁設計を行う必要がある。**図 8.11** に各種高分子絶縁材料の絶縁破壊における温度特性を示す。

破壊電圧は分子の状態に密接に関連している。したがって絶縁破壊機構は，

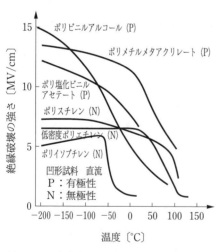

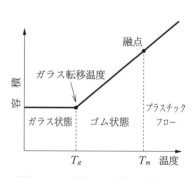

図 8.11 各種高分子絶縁材料の絶縁破壊における温度特性〔小﨑正光編著：高電圧・絶縁工学，p.40，オーム社 (2000)〕

図 8.12 高分子の状態と破壊電圧

例えば図 8.12 に示すように三つの温度領域に分けて考えることができる。

　温度 T_g（ガラス転移温度）以下の領域では，破壊電界が温度に依存せず主たる破壊メカニズムは電子的破壊が支配的と考えられる。高分子は固くてもろいガラス状態にある。

　温度 T_g から T_m（融点）の領域では，絶縁破壊が温度の上昇とともに低下する。分子運動の影響を受けた電子的破壊，電子熱破壊，熱的破壊などが生じたために，周囲温度に影響を受けていると考えられている。この領域では空間電荷効果など二次的な要素も影響し，破壊メカニズムは複雑となる。高分子は弾力性のあるゴム状態にある。

　温度 T_m 以上になると高分子は溶け始め形状を保たなくなる。いわゆるプラスチックフローの状態にある。熱的破壊が促進されやすく，さらに電気機械的破壊が加わると考えられるため破壊電界は著しく低下する可能性がある。このように温度によって主なる破壊メカニズムが異なるため注意が必要である。

演 習 問 題

【1】　イオン性伝導と電子性伝導の違いを説明せよ。

【2】　固体絶縁の破壊試験を行うとき注意すべき事項を説明せよ。

【3】　空間電荷とは何か。

【4】　高分子の絶縁破壊の温度特性を描き，それぞれの温度における破壊メカニズムを述べよ。

【5】　熱的破壊について説明せよ。

【6】　電子的破壊について説明せよ。

【7】　導体半径 20 mm，絶縁厚 20 mm の 275 kV 用の OF ケーブルがある。誘電体の比誘電率 3.5，誘電正接が 0.3 ％のとき，1 km 当りの誘電体損失はいくらか。

【8】　固体の厚さを d とすると，破壊電圧 V_s は d とともに上昇するが，破壊電界強度は小さくなり，一般に次式のように表される。

$$V_s = Ad^n$$

ここで，A と n はともに定数であり，固体の種類と実験条件によって異なる。ある固体誘電体の破壊電圧は厚さ 1 mm で約 60 kV，2 mm で約 80 kV であった。上記の式における A と n を求め，V_s と d の関係式を導け。

9

複合系の絶縁破壊

　実用機器における電気絶縁は，気体と固体，液体と固体などを組み合わせて用いることが多い。これを**複合絶縁**（composite insulation）という。複合絶縁では単独絶縁の欠点を補う利点がある。例えば，OF ケーブル（**13**章参照）に用いられている液体と固体で構成される絶縁系では，絶縁紙に油を含浸することで絶縁紙が液体における不純物や気泡の影響を抑えている。

　一方，機器の構造を維持したり，製造過程で生じた欠陥が原因で固体や気体などの組合せが発生したりする場合がある。電気絶縁性能が低下しなければ問題ないが，このような場合絶縁設計上の弱点となることが多い。

　本章では，絶縁における弱点に着目した複合系の破壊メカニズムを説明する。

9.1　複合誘電体における電界

　複合絶縁の電界分布を考える場合，絶縁材料の誘電体としての性質の把握が重要となる。図 *9.1* に 2 層誘電体モデルを示す。ここで，それぞれの領域における電界を E_1，E_2，誘電率を ε_1，ε_2，導電率を σ_1，σ_2，試料の厚さを d_1，d_2 とする。

　$t = 0$ でステップ電圧 V が印加されると，E_1 の時間変化は式(*9.1*)で与えられる。

$$E_1 = \frac{\sigma_2}{\sigma_1 d_2 + \sigma_2 d_1} V + \left(\frac{\varepsilon_2}{\varepsilon_1 d_2 + \varepsilon_2 d_1} - \frac{\sigma_2}{\sigma_1 d_2 + \sigma_2 d_1} \right) V e^{-\frac{t}{T}} \quad (9.1)$$

$$T = \frac{\varepsilon_1 d_2 + \varepsilon_2 d_1}{\sigma_1 d_2 + \sigma_2 d_1}$$

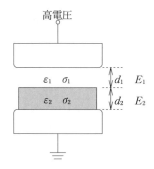

高電圧

$\varepsilon_1 \quad \sigma_1$ $d_1 \quad E_1$

$\varepsilon_2 \quad \sigma_2$ $d_2 \quad E_2$

図 9.1 2層誘電体モデル

印加時間が短いインパルス電圧や高周波の交流電圧 ($t \cong 0$) などでは，式 (9.2) で示すように ε 分圧で近似される（本章演習問題【1】で求める）。このとき，それぞれの誘電体に加わる電界は式 (9.3) に示すよう誘電率によって分担される。

$$E_1 = \frac{\varepsilon_2}{\varepsilon_1 d_2 + \varepsilon_2 d_1} V, \quad E_2 = \frac{\varepsilon_1}{\varepsilon_1 d_2 + \varepsilon_2 d_1} V \tag{9.2}$$

$$E_1 = \frac{\varepsilon_2}{\varepsilon_1} E_2 \tag{9.3}$$

通常絶縁体の導電率 σ は小さいため絶縁体は容量分圧で考えることができる。

印加時間が長い直流電圧などでは，印加直後は誘電率で分圧されるが，定常状態 ($t \cong \infty$) に達すると式 (9.4) で示すように σ 分圧で近似される。

$$E_1 = \frac{\sigma_2}{\sigma_1 d_2 + \sigma_2 d_1} V, \quad E_2 = \frac{\sigma_1}{\sigma_1 d_2 + \sigma_2 d_1} V \tag{9.4}$$

$$E_1 = \frac{\sigma_2}{\sigma_1} E_2 \tag{9.5}$$

例えば，気体と液体または気体と固体の複合絶縁系を考えた場合，固体や液体の誘電率は気体の数倍と高いため，気体の絶縁層には数倍の電界が加わることになる。この場合，気体における放電がより低い電圧で発生し，条件によっては複合系の全路破壊へ至る場合もある。

高電圧導体を固体**スペーサ**（spacer）などで支持する場合，電極とスペーサ

の間に微小なギャップが生じた場合や，固体絶縁体の製造過程で内部に小さな**ボイド**（void，空隙）が生じた場合などで問題となる。

また，**図9.2**に示すように固体絶縁中に円形ボイドや，液体絶縁に球形の気泡が存在すると，外部電界 E を印加したときボイドにかかる電界 E_1 は理論的に式 (9.6) となる。円形の場合，最大電界は理論的に 1.5 倍までとなる。

参　考

式 (9.1) の導出過程

試料に流れる電流は式 (a) のように表される。すなわち，電流成分は，第1項が伝導電流，第2項が変位電流の和である。

$$i = \sigma_1 E_1 + \frac{dD_1}{dt} = \sigma_2 E_2 + \frac{dD_2}{dt} \tag{a}$$

$$(D_1 = \varepsilon_1 E_1,\ D_2 = \varepsilon_2 E_2,\ V = E_1 d_1 + E_2 d_2)$$

式 (a) を E_1 について解くと，式 (b) を得る。

$$\sigma_1 E_1 + \varepsilon_1 \frac{dE_1}{dt} = \sigma_2\left(\frac{V - E_1 d_1}{d_2}\right) + \frac{\varepsilon_2}{d_2}\cdot\frac{d(V - E_1 d_1)}{dt} \tag{b}$$

$dV/dt = 0$ より

$$\left(\varepsilon_1 + \frac{\varepsilon_2 d_1}{d_2}\right)\frac{dE_1}{dt} + \left(\sigma_1 + \sigma_2\frac{d_1}{d_2}\right)E_1 = \frac{\sigma_2 V}{d_2}$$

$$(\varepsilon_1 d_2 + \varepsilon_2 d_1)\frac{dE_1}{dt} + (\sigma_1 d_2 + \sigma_2 d_1)E_1 = \sigma_2 V \tag{c}$$

$\alpha = \varepsilon_1 d_2 + \varepsilon_2 d_1,\ \beta = \sigma_1 d_2 + \sigma_2 d_1,\ \gamma = \sigma_2 V$ とおくと式 (d) となる。

$$\alpha\frac{dE_1}{dt} + \beta E_1 = \gamma \tag{d}$$

この解は式 (e) となる。

$$E_1 = \frac{\gamma}{\beta} + A e^{-\frac{\beta}{\alpha}t} \quad (A：任意定数) \tag{e}$$

$$\frac{\gamma}{\beta} = \frac{\sigma_2 V}{\sigma_1 d_2 + \sigma_2 d_1} \tag{f}$$

$$\frac{\beta}{\alpha} = \frac{\sigma_1 d_2 + \sigma_2 d_1}{\varepsilon_1 d_2 + \varepsilon_2 d_1} = \frac{1}{T} \tag{g}$$

また，$t = 0$ のとき，$E_1(0) = \varepsilon_2 V/(\varepsilon_1 d_2 + \varepsilon_2 d_1)$ より式 (h) を得る。

$$A = \frac{\varepsilon_2 V}{\varepsilon_1 d_2 + \varepsilon_2 d_1} - \frac{\sigma_2 V}{\sigma_1 d_2 + \sigma_2 d_1} \tag{h}$$

これらの条件を，式 (e) に代入すると式 (9.1) を得る。

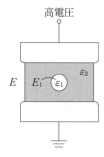

図 *9.2* 円形ボイド

$$E_1 = \frac{3\varepsilon_2}{\varepsilon_1 + 2\varepsilon_2} E \qquad\qquad (9.6)$$

9.2　ボイド内での部分放電

　ボイド内では**部分放電**（partial discharge）が発生しやすい。一般に，部分放電とは全路破壊しない放電形態を示す。固体中にボイドがある複合絶縁系の等価回路は**図 *9.3***で表される。この複合絶縁系に交流電圧を印加したとき，ボイドに加わる電圧と複合絶縁系に加わる外部電圧の関係は，**図 *9.4***のように示される。気体で満たされたボイドは固体と比較して放電開始電圧が低いため，複合絶縁系に一定以上の電圧が加わるとボイド内での放電が先行する。ボイドで放電が発生すると，ボイドにかかる電圧は放電が消滅する値まで低下す

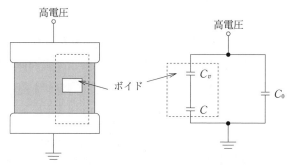

（*a*）　ボイドを有する誘電体　　　（*b*）　等価回路

図 *9.3* 複合絶縁系の等価回路

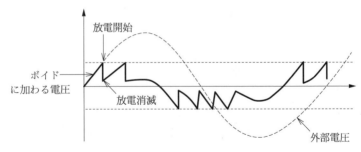

図 **9.4**　ボイドに加わる電圧と外部電圧

る。しかしながら，外部電圧が複合絶縁系に印加されているため，ただちにボイドにかかる電圧も外部電圧に伴って上昇する。

　このような機構が繰り返され，ボイド内で放電が継続的に発生する。複合絶縁系におけるボイド内の放電は，電界が最も高い場所で発生するコロナ放電などとは異なり，放電が外部電圧の変化分の大きい場所（例えば交流正弦波の場合，印加電圧の零点付近）で生じる傾向がある。

　ボイド内で放電が生じると，より低い電圧で固体絶縁が徐々にダメージを受け最終的に全路破壊へと至る。これは，放電による荷電粒子が固体表面を衝撃することで分子構造を切断することや，放電が生じた場所で局所的な温度上昇が発生すること，放電に伴う酸化作用が生じることなどが考えられる。

9.3　トリーイング

　電力ケーブルなど固体絶縁に厚みがある場合，**図 9.5** に示すような樹枝状の破壊が発生することがある。まるで固体絶縁体内に樹枝が伸びたような放電跡から**トリー**（tree）と呼ばれる。トリーが発生し進展する現象を**トリーイング**（treeing）という。トリーは，① 電界を印加することによって発生する**電気トリー**（electric　tree），② 水と電界が共存する場合に発生する**水トリー**（water tree），③ 必ずしも電界を必要としない**化学トリー**（chemical tree）に分類される。一般に電気トリーのことをトリーという。

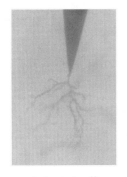 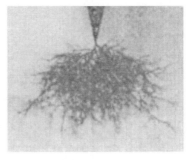

(*a*) トリー状 (*b*) ブッシュ状

図 9.5 電気トリー〔図(*b*)家田正之編著：
現代高電圧工学，p. 71，オーム社 (1981)〕

電気トリーの発生要因として，局所的に電子的破壊や熱的破壊，電気機械的破壊などが生じ，小さな放電跡を生じさせることが考えられる。ボイドが存在する場合には，**図 9.6** のようにボイド内での部分放電によって劣化が促進され電気トリーへ転換することも考えられる。電気トリーの放電跡は通常気体で満たされているため，固体と気体の複合絶縁の要素をもつ。

 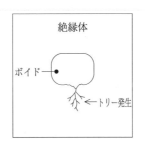 

(*a*) 部分放電 (*b*) 電気トリー発生 (*c*) 破 壊

図 9.6 部分放電からの電気トリーの発生

部分放電による電気トリー先端での浸食や，電気トリー先端で高い不平等電界が形成されることにより，さらなる破壊が生じ電気トリーが進展すると考えられる。電気トリーは固体そのものの絶縁破壊電界より低い電界で進展するため，機器を運転させていると気づかないうちに絶縁破壊に至ることもある。電

気トリーの発生を防ぐには電極表面の突起（局所的な不平等電界）をなくすことやボイドを極力排除する工夫が必要である。

水トリーは絶縁体を水につけ電界を印加した場合において，比較的低い電界で発生する。水分が高電界部に誘電泳動によって移動することなどに起因すると考えられている。電気トリーは樹枝状の放電跡であるのに対し，水トリーは微少なボイドやそれらがつながったものであり，内部に水が満たされている場合もある。絶縁体内に多くの弱点が形成されるため，水トリーから電気トリーが発生し破壊に至る場合もある。電力ケーブルや配電線は水中に布設する場合があるため，水トリーによって絶縁体が劣化し破壊に至る場合が多い。外部からの水分遮断や水トリーに優れた絶縁材料の開発が必要となる。

化学トリーは，汚染物質がケーブルなどの導体を腐食させ，トリー状に進展したものである。電圧をかけなくても発生することがある。化学トリーの細管は金属となっていることが多く，化学トリーの発生したケーブルに電圧が印加されると電気トリーに進展しやすい。ケーブルなどの布設場所の汚染物質を防ぐ工夫が必要である。

9.4 沿 面 放 電

複合絶縁を構成する物体の境界面に沿って伸展する放電を**沿面放電**（surface discharge）という。気体，液体，固体の単独絶縁と比較して放電が進展しやすい場合もあるため問題となる。例えば，送電線と鉄塔を絶縁するがいしの表面や，支持物として用いられるスペーサの境界面，電力機器の接合部分などで沿面放電の発生が考えられる。

複合絶縁は**図 9.7** に示すように三重点（triple junction）と呼ばれる金属電極と固体や気体との接点を有する。この付近では放電が発生しやすく，沿面放電に移行し進展する可能性が高い。

進展特性を評価する手法には，放電によって境界面に蓄積される電荷を利用したリヒテンベルグ（Lichtenberg）図形や表面電位の計測，放電時の発光現

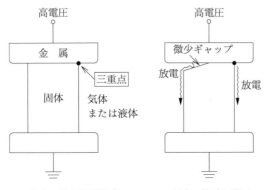

（a） 複合絶縁構成 　　　（b） 放電の進展

図 9.7 複合絶縁構成と放電の進展

象をとらえる写真乾板や高速度カメラなどがある。

　例えば，沿面放電に伴うリヒテンベルグ図形を観測してみると，**図 9.8** の

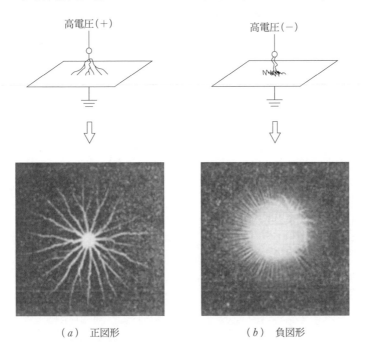

（a） 正図形 　　　　　　（b） 負図形

図 9.8 リヒテンベルグ図形〔家田正之編著：
現代高電圧工学，p. 66，オーム社（1981）〕

ような跡が得られることがある。正極性と負極性で放電の伸びや形状が異なる点が面白い。沿面放電の進展は複合絶縁の構成や印加電圧によって左右される。

9.5　トラッキング

トラッキング劣化（tracking degradation）はおもに固体絶縁物の表面で起こり，複合絶縁体の境界面に**炭化導電路**（track）が形成される現象である。絶縁物の表面抵抗によって放電を伴うものと伴わないものがある。

漏れ電流や放電によって発生する熱が，高分子などの有機絶縁物表面を分解し炭化導電路を形成すると考えられる。トラッキングの発生は固体表面の不純

コーヒーブレイク

コンセントから出火（トラッキング）

東京消防庁管内の報告によると，電源コードなどの配線類およびプラグ・コンセントなど配線器具による火災は増加の傾向にある。毎年800件前後ある電気火災のうち，約半分を占めている。その内長期間にわたりコンセントに差し込まれたままのプラグに，ほこりや湿気・水分が付着すると絶縁不良から火災が発生することになる。この現象をトラッキングという。

トラッキングによる出火防止にはプラグ両刃間はトラッキングが発生しないように距離を長くする，トラッキングの発生しにくい材料を使用する等が考えられる。

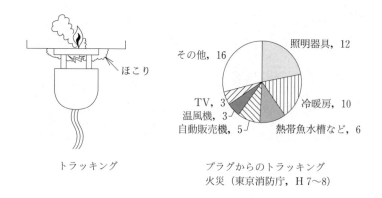

トラッキング

プラグからのトラッキング
火災（東京消防庁，H 7〜8）

（円グラフのラベル：照明器具，12／冷暖房，10／熱帯魚水槽など，6／自動販売機，5／温風機，3／TV，3／その他，16）

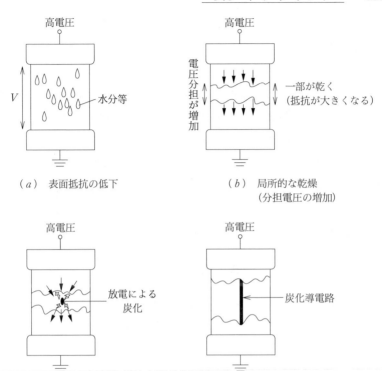

（*a*） 表面抵抗の低下　　　　　　　（*b*） 局所的な乾燥
　　　　　　　　　　　　　　　　　　　　（分担電圧の増加）

（*c*） 放電と炭化　　　　　　　（*d*） 炭化導電路の形成

図 9.9　トラッキングの発生および進展

物の付着状況や水分の吸着に大きく影響を受ける。**図 9.9**にトラッキングの
発生および進展のモデルを示す。

　図（*a*）では水分や不純物によって固体表面の抵抗が低くなり表面電流が流れ
る。図（*b*）では電流による発熱で局部的な乾燥が起こる。この部分では表面抵
抗が大きくなり，その分担電圧が増加することで微少な放電が発生する。図
（*c*）では放電によって表面の炭化が生じる。これを**シンチレーション放電**
（scintillation discharge）と呼ぶ。図（*d*）で一般に炭化された部分の導電率は
高くなるため電界が集中し，さらなる放電が生じる。この現象が繰り返され炭
化導電路に進展する。

　がいしやブッシングなどで多く用いられている無機絶縁物の場合にも，トラ

ッキングと同様に低い電圧で沿面放電が発生し全路破壊に導くことがある（**汚損フラッシオーバ**と呼ばれる）。この場合，① 電流によるジュール発熱により表面の乾燥状態にむらができる。② 乾燥した部分の表面抵抗は高くなるため電圧分担が大きくなり沿面放電が発生する。③ 大部分の電流が局所的に放電に集中することで，放電の付近が乾燥しさらなる沿面放電へとつながる。④ ①〜③が繰り返され全路破壊へと至る。絶縁体表面に塩分が付着しやすい状態や，工場などの排煙による汚損物質などが蓄積した状態で水分が加わると起こりやすい。対策として，掃除や洗浄によって塩分や汚損物質を取り除くことや，がいしなどの構造上の工夫，発水性を向上させた材料の使用，シリコングリスなどを塗布することにより表面の状態を改善する工夫も行われている。

演 習 問 題

【1】 図 **9.1** のように2層誘電体がある。電極間に V 〔V〕の電圧を加えたとき，固体誘電体中の電界の強さ E_2 〔V/m〕を求めよ。

【2】 複合系の絶縁設計で弱点となる事項を示し，対策を説明せよ。

【3】 厚いプラスチックに交流を長時間印加すると意外と低い電圧で絶縁破壊することがある。どのような理由が考えられるか。

【4】 固体中にボイドが存在すると部分放電が生じやすい理由を説明せよ。

【5】 沿面放電とは何か説明せよ。

【6】 ある複合絶縁体が，図 **9.1** で示される2層誘電体モデルで表されるとする。比誘電率 $\varepsilon_1 = 5.0$，$\varepsilon_2 = 2.3$，$d_1 = 1.0$ cm，$d_2 = 0.5$ cm，印加電圧 100 V のとき，電界 E_1 と E_2 はいくらか。

【7】 トラッキング劣化とは何か説明せよ。

【8】 図 **9.10** のように油浸紙と空気の2層があり，これに 30 kV の電圧が印加されているとき，各部の電界を求めよ。ただし，油浸紙の誘電率を 2.5，厚さは 0.97 cm，空気層の厚さは 0.03 cm とする。

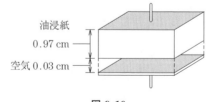

油浸紙
0.97 cm
空気 0.03 cm

図 **9.10**

10

電界と絶縁

　絶縁物も局所的に電界が集中すると，その部分が絶縁破壊を起こすことはすでに学んだ。高電圧機器の絶縁設計をする場合には，電界分布をできるだけ詳しく知ることが重要になってくる。本章では，コンピュータを使った電界計算法について述べ，つぎに絶縁破壊防止のための電界緩和法の例について説明する。最後に，電力系統における絶縁協調のコンセプトを述べる。

10.1　電界計算

10.1.1　静電界の方程式

　静電界 (electrostatic field) では，電界 E は，電位 V の傾きの符号を反対にしたものに等しいから次式が成り立つ。

$$E = -\nabla V \tag{10.1}$$

ここで，∇（ナブラ）は x-y-z 空間において，つぎの演算子ベクトルを表すものとする。

$$\nabla = \left\{ \frac{\partial}{\partial x}, \ \frac{\partial}{\partial y}, \ \frac{\partial}{\partial z} \right\} \tag{10.2}$$

ここで電荷密度を ρ，誘電率を ε とすると，電界の発散は次式で表せる。

$$\nabla \cdot E = \frac{\rho}{\varepsilon} \tag{10.3}$$

　式(10.1)を式(10.3)に代入して，$\nabla \cdot \nabla$ を ∇^2（ラプラシアン）に置き換えると，式(10.4)に示す x-y-z 空間における静電界の**ポアソンの方程式** (Poisson's equation) が成り立つ。

$$\nabla^2 V = \frac{\partial^2 V}{\partial x^2} + \frac{\partial^2 V}{\partial y^2} + \frac{\partial^2 V}{\partial z^2} = -\frac{\rho}{\varepsilon} \qquad (10.4)$$

ここで，電荷がないとき（$\rho = 0$）は，**ラプラスの方程式**（Laplace's equation）と呼ばれ，ポアソンの方程式とともに工学分野で広く応用される重要な式である。電位分布がわかると，式(10.1)により電界分布が求められる。

10.1.2 電界計算法の種類

電界計算法は，理論解析法，アナログ法，数値解析法に大別される。**理論解析法**は，ガウスの定理により平行平板，同心球，あるいは同軸円筒電極間の電界を求める基礎的な方法から，特殊な電極には複素関数による等角写像法を適用する解析法や，式(10.4)のポアソン方程式などを適当な座標変換によって変数分離形で直接解く方法などを総称したものである。

アナログ法は，導体上で電流密度の発散が零になる性質と電界の発散が零になるラプラス方程式の相似性を利用して，電流界の電位分布を静電界の電位分布に置き換えて電界分布を求める方法である。例えば，半導電カーボン紙などの上に，電極形状を導電塗料で描き，電極に電圧を印加して，カーボン紙上の電位分布を電圧計により求め電界分布を推測する方法で，フィールドマッピング法（field mapping method）とも呼ばれる。カーボン紙の代わりに電解液を用いることもある。誘電率の違いも，媒体の厚みや深さで表すことができる。

しかし，理論解析法，アナログ法とも扱える問題が限られるため，複雑な電極形状や電極配置，複合誘電体の問題には，コンピュータによる**数値解析法**が

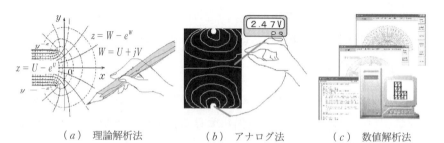

（a）理論解析法   （b）アナログ法   （c）数値解析法

図 10.1 各電界計算法のイメージ

もっぱら用いられる。数値解析法は，求める電界場を有限個の未知変数で表せる近似式を仮定して，与えられた条件を満足するようにコンピュータで未知変数を算出する方法である。未知変数には，電荷や電位が使われることが多い。図 **10.1** に各電界計算法のイメージを示す。

10.1.3　コンピュータによる電界計算法

　数値解析法の代表的なものは，電極内部に配置された有限個の仮想電荷のつくる電位の和を境界条件に一致させた電荷重畳法，解析領域の中に未知変数をおく差分法や有限要素法，領域の境界に未知変数をおく境界要素法や表面電荷法などがある。

〔**1**〕　**電荷重畳法**　　**電荷重畳法**（charge simulation method）は，仮想的な電荷を任意の場所に n 個配置し，解析条件として電位を与えた電極上の n 個の点について，それぞれの電荷による電位を重畳した式をつくる。n 個の未知電荷に対して n 個の式ができるので，多元連立方程式を解けば，配置した電荷を求めることができる。例えば，図 **10.2** のような柄の付いた球電極に電位 V を与えた場合の，最も簡単な適用方法を説明する。

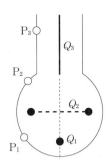

図 **10.2**　電荷重畳法の例

　電極の内部は中空として，図のように点電荷 Q_1，リング電荷 Q_2，線状電荷 Q_3 を配置し，電極表面上の点 P_1，P_2，P_3 において電極の電位 V に等しくなるようにすると，次式のような連立方程式が成立し，各電荷 Q_1，Q_2，Q_3 を求めることができる。

$$\begin{bmatrix} p_{11} & p_{12} & p_{13} \\ p_{21} & p_{22} & p_{23} \\ p_{31} & p_{32} & p_{33} \end{bmatrix} \begin{Bmatrix} Q_1 \\ Q_2 \\ Q_3 \end{Bmatrix} = \begin{Bmatrix} V \\ V \\ V \end{Bmatrix} \tag{10.5}$$

ここで，p_{ij} は電位係数を表す。任意の点の電界は，それぞれの電荷のつくる電位を重量したものを式(10.1)により直接求める。

この手法は，1969 年にドイツのスタインビッグラー（H. Steinbigler）が，球電極の柄の影響を考慮するために考案した。少ない電荷で，高精度の電界計算ができる長所があるが，電荷の種類と配置場所に熟練を要することと，重ね合わせの理を使っているので，誘電率が電界の強さによって変わる非線形問題には適用できない短所もある。

〔**2**〕**差 分 法**   簡単のために，二次元場のラプラス方程式を例にとって**差分法**（finite difference method）を説明する。式(10.4)より二次元場のラプラス方程式は次式となる。

$$\frac{\partial^2 V}{\partial x^2} + \frac{\partial^2 V}{\partial y^2} = 0 \tag{10.6}$$

式(10.6)をコンピュータで扱うために，**図 10.3** に示すような解析領域を微小間隔 Δx，Δy の格子状に分割する。任意の格子点 (i, j) の電位を $V_{i,j}$ と表すと，その格子点に隣接する点 $(i-1, j)$ および点 $(i+1, j)$ の電位は，テイラー展開により $V_{i,j}$ の関数として次式のように表せる。

$$V_{i-1,j} = V_{i,j} - \frac{\partial V}{\partial x}(\Delta x) + \frac{1}{2} \cdot \frac{\partial^2 V}{\partial x^2}(\Delta x)^2 + \cdots \tag{10.7}$$

$$V_{i+1,j} = V_{i,j} + \frac{\partial V}{\partial x}(\Delta x) + \frac{1}{2} \cdot \frac{\partial^2 V}{\partial x^2}(\Delta x)^2 + \cdots \tag{10.8}$$

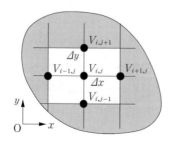

図 **10**.3   解析領域と格子

式 (10.7)，(10.8) の高次項を無視して，両式を加えてまとめると次式を得る。

$$\frac{\partial^2 V}{\partial x^2} = \frac{V_{i-1,j} + V_{i+1,j} - 2V_{ij}}{(\varDelta x)^2} \qquad (10.9)$$

同様な展開を y 方向についても行うと点 (i, j) のラプラス方程式を満足する次式を得る。

$$\frac{\partial^2 V}{\partial x^2} + \frac{\partial^2 V}{\partial y^2} = \frac{V_{i-1,j} + V_{i+1,j} - 2V_{ij}}{(\varDelta x)^2} + \frac{V_{i,j-1} + V_{i,j+1} - 2V_{ij}}{(\varDelta y)^2} = 0$$
$$(10.10)$$

一般的には，$\varDelta x$ と $\varDelta y$ を等しくした次式を用いる。

$$V_{i-1,j} + V_{i+1,j} + V_{i,j-1} + V_{i,j+1} - 4V_{i,j} = 0 \qquad (10.11)$$

式 (10.11) では，格子間隔が無関係になっているが，式 (10.7)，(10.8) の高次項を無視できるだけの微小幅にしないと誤差が大きくなる。式 (10.11) の境界条件として与えられる電位を右辺に移項して，未知電位のすべての格子点に適用すると未知電位の数だけの連立方程式が成立する。この連立方程式をガウスの消去法などを用いて解けば，各格子点の電位が求められる。電界は，格子点間において一定値となり，式 (10.1) により点 (i, j) における電界の x 成分，y 成分は，$h = \varDelta x = \varDelta y$ として次式で表せる。

$$\{E_x, E_y\} = \left\{ -\frac{V_{i+1,j} - V_{i,j}}{h}, \ -\frac{V_{i,j+1} - V_{i,j}}{h} \right\} \qquad (10.12)$$

差分法は，原理が簡単で扱いやすいが，解析対象が複雑な形状の場合や，複合誘電体の境界部分の解析には誤差が大きくなる短所もある。

〔**3**〕 **有限要素法**　　**有限要素法**（finite element method）によりラプラスの方程式を解く場合，解析領域内での静電エネルギーが最小の状態で存在すると仮定したエネルギー最小原理を用いる方法がよく紹介されているが，ここでは，二次元場のラプラス方程式を重み付き残差法によって直接解析する方法を説明する。

図 **10.4** に示すように解析領域を三角形要素で分割する。要素 e に注目して，要素を構成する頂点を節点と呼び，仮にその節点番号を 1，2，3 とす

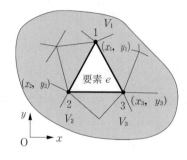

図 10.4 解析領域と
三角形要素

る。

　図のように，節点番号1の座標を $(x_1,\ y_1)$，その点の電位を V_1 とおく。節点番号2，3も同様である。要素内での電位を x，y の一次関数で仮定する。

$$V = \begin{bmatrix} 1 & x & y \end{bmatrix} \begin{Bmatrix} \alpha \\ \beta \\ \gamma \end{Bmatrix} \tag{10.13}$$

ここで，α，β，γ は，同一要素内では一定である。式(10.13)を要素 e の構成節点にそれぞれ適用してまとめると次式を得る。

$$\begin{Bmatrix} V_1 \\ V_2 \\ V_3 \end{Bmatrix} = \begin{bmatrix} 1 & x_1 & y_1 \\ 1 & x_2 & y_2 \\ 1 & x_3 & y_3 \end{bmatrix} \begin{Bmatrix} \alpha \\ \beta \\ \gamma \end{Bmatrix} \tag{10.14}$$

　式(10.14)より α，β，γ を求め，式(10.13)に代入すると次式のようになる。

$$V = \begin{bmatrix} 1 & x & y \end{bmatrix} \begin{bmatrix} 1 & x_1 & y_1 \\ 1 & x_2 & y_2 \\ 1 & x_3 & y_3 \end{bmatrix}^{-1} \begin{Bmatrix} V_1 \\ V_2 \\ V_3 \end{Bmatrix} \equiv \begin{bmatrix} N_1 & N_2 & N_3 \end{bmatrix} \begin{Bmatrix} V_1 \\ V_2 \\ V_3 \end{Bmatrix} \tag{10.15}$$

ここで，N_1，N_2，N_3 は形状関数と呼ばれるもので，要素の面積を Δ とすると，その要素内の形状関数は次式に示すような x，y の一次関数となる。

$$\begin{Bmatrix} N_1 \\ N_2 \\ N_3 \end{Bmatrix} = \frac{1}{2\Delta} \begin{Bmatrix} x_2 y_3 - x_3 y_2 + (y_2 - y_3)x + (x_3 - x_2)y \\ x_3 y_1 - x_1 y_3 + (y_3 - y_1)x + (x_1 - x_3)y \\ x_1 y_2 - x_2 y_1 + (y_1 - y_2)x + (x_2 - x_1)y \end{Bmatrix} \tag{10.16}$$

　この形状関数を，重み関数に用いた重み付き残差法を特に**ガラーキン法**とい

い，広く適用されている。図 **10.4** の任意の節点番号を i とし，これに対応する形状関数 N_i を用いて，ラプラス方程式にガラーキン法を適用すると次式となる。

$$\iint N_i\left(\frac{\partial^2 V}{\partial x^2} + \frac{\partial^2 V}{\partial y^2}\right)dxdy = 0 \tag{10.17}$$

式 (10.17) の意味は，ラプラス方程式の近似による残差を領域全体で重み付き積分をすることにより，零にすることを表している。式 (10.17) を部分積分公式で書き直すと，次式を得る。

$$\iint\left[\left\{\frac{\partial}{\partial x}\left(N_i\frac{\partial V}{\partial x}\right) + \frac{\partial}{\partial y}\left(N_i\frac{\partial V}{\partial y}\right)\right\} - \left(\frac{\partial N_i}{\partial x}\cdot\frac{\partial V}{\partial x} + \frac{\partial N_i}{\partial y}\cdot\frac{\partial V}{\partial y}\right)\right]dxdy = 0 \tag{10.18}$$

コーヒーブレイク

フィールドマッピング法の測定装置

　コンピュータによる電界計算法以前は，電界分布を電流分布に対応させたフィールドマッピング法が広く用いられていた。薄い銅板で水槽と電気機器形状をした電極をつくり，電解液として NaOH，NH_4OH，$CuSO_4$ 溶液などを入れ，電源には分極作用による誤差を避けるために 500～1 500 Hz の数十 V の交流電圧が用いられた。精度を上げるためブリッジ平衡回路を用いて，真空管電圧計あるいはディジタル電圧計で電位測定を行った。図に同軸ケーブルモデルの電位分布を知るためのフィールドマッピング法の例を示す。

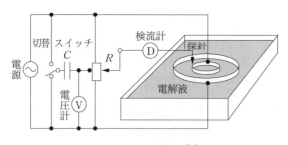

フィールドマッピング法

　誘電率の違いは，電解液の深さを誘電率に比例して変えるなど工夫がされていた。図中の切替スイッチは，探針の位置により平衡をとりやすくするためのものである。

この式の左辺第1項は，グリーンの定理より境界に沿う線積分に変形され，その線積分は，境界の法線方向で電位 V の変化がないという自然境界条件のもとで零となるから，結局式(10.17)は次式を満足する電位 V を求めることになる。

$$\iint\left(\frac{\partial N_i}{\partial x}\cdot\frac{\partial V}{\partial x}+\frac{\partial N_i}{\partial y}\cdot\frac{\partial V}{\partial y}\right)dxdy=0 \qquad (10.19)$$

式(10.19)の偏微分項は，式(10.15)，(10.16)より要素内で定数となるから，次式のように書き直せる。

$$\sum_{e=1}^{NE}\Delta^{(e)}\sum_{k=1}^{3}\frac{1}{(2\Delta^{(e)})^2}(c_kc_i+d_kd_i)V_k=0 \qquad (10.20)$$

ここで，NE は全要素数，$\Delta^{(e)}$ は要素 e の面積を表し，c_k，d_k は，次式となる。

$$c_k=y_i-y_j,\ d_k=x_j-x_i \qquad (10.21)$$

ただし，i, j, k は循環する添字で，k のつぎには i がくることを表すものとする。式(10.17)の重み関数 N_i を，未知電位の節点すべてに適用すれば，電位 V に関する多元連立一次方程式となり，各節点の電位を求めることができる。

有限要素法では，要素の概念が考慮されるため，複合誘電体問題も式(10.20)の左辺の要素ごとに誘電率を掛けておけばよいので容易に扱える。

〔**4**〕 **境界要素法**　　有限要素法が，解くべき方程式を解析領域の境界上で満足して，領域内部で近似するのに対して，**境界要素法**（boundry element method）は，領域内部で方程式を満足して，境界上で近似する手法である。このため，未知量を境界上だけにおけばよいので，未知量の数を大幅に減らすことができる。

例えば，二次元場のラプラス方程式を例にとると，式(10.17)の重み関数 N_i の代わりにラプラス方程式を満足する基本解 u を用いた重み付き残差法を適用する。部分積分公式およびグリーンの定理を用いて，領域積分を境界上の線積分に変形すると，ソース点 i の電位 V_i が次式で表せる。

$$C_iV_i=\oint\frac{\partial V}{\partial n}uds-\oint V\frac{\partial u}{\partial n}ds \qquad (10.22)$$

ここで，C_i は滑らかな境界上で$1/2$，領域内部では 1 である。二次元場ラプ

ラス方程式の基本解 u は，ソース点と観測点の距離を r とすると次式となる。

$$u = \frac{1}{2\pi}\ln\frac{1}{r} \tag{10.23}$$

図 **10**.5 に解析領域と境界要素および節点を示す。境界要素の節点に V，要素重心に $\partial V/\partial n$ をおいて，同一節点では，どちらかが既知量であるので，式 (10.22) のソース点 i を全節点に適用すると，未知量 V と $\partial V/\partial n$ に関する多元一次連立方程式が成り立つ。

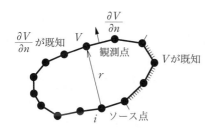

図 **10**.5　解析領域と境界要素

　この解を用いて任意点の電位を式 (10.22) により計算すると，電位分布を求めることができる。任意点の電界は式 (10.22) に式 (10.1) を適用して求める。

〔**5**〕　**表面電荷法**　　**表面電荷法**（surface charge method）では表面電荷が存在する電極表面や誘電体界面を要素分割して，要素の表面電荷密度を σ とすると面積 dS の要素の重心から r 離れた点 P の電位 V_p は，次式で与えられる。

$$V_p = \frac{1}{4\pi\varepsilon}\iint\frac{\sigma}{r}dS \tag{10.24}$$

　電荷重畳法の場合と同じように，電位が既知の電極表面の適当な個所に，未知量 σ の数だけ観測点をとって σ に対する多元連立一次方程式をつくり，表面電荷密度 σ を決定する。電荷重畳法より計算時間は長くなるが，σ の配置に熟練の必要もなく，薄い電極でも扱えるメリットがある。

10.2　電 界 緩 和 法

10.2.1　導体形状と配置

　電界の集中を緩和するためには，曲率半径の小さい部分をつくらないことである。導体形状と配置によって電界緩和をしている例を示す。**図 *10.6*(*a*)** は，高圧送電線用鋼心アルミより線（ACSR）で，素線54本をより線にして見かけ上電線を太くしている。また超高圧送電においては，図(*b*)のように一相の電線を多導体方式にして電界の緩和を図り，コロナ損や誘導障害を低減している。

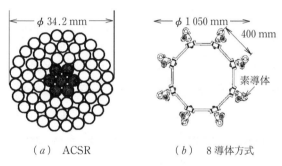

　　（*a*）　ACSR　　　　　（*b*）　8導体方式

図 *10.6*　送電線と配置

　図 *10.7* は，試験用変圧器の多重円筒巻線構造を示したもので，鉄心の近くに低圧巻線が巻かれ，その上に高圧巻線の低圧側から左右の巻線が順に接続

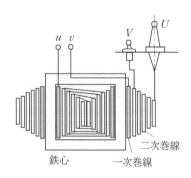

図 *10.7*　変圧器の
多重円筒巻線構造

され高圧側が鉄心から離れた位置にくるようにしている。

10.2.2 段　　絶　　縁

図 *10.8*(*a*)に示すような同心円筒電極間に誘電率が ε_1 および ε_2 なる 2 種の誘電体を入れた場合,電極間電位差を V とすると,それぞれの誘電体中の電界は,電磁気学の教えるところにより次式で表せる(本章演習問題【5】)。

$$E_1 = \frac{1}{\frac{1}{\varepsilon_1}\ln\frac{b}{a} + \frac{1}{\varepsilon_2}\ln\frac{c}{b}} \cdot \frac{V}{\varepsilon_1 r}, \quad E_2 = \frac{1}{\frac{1}{\varepsilon_1}\ln\frac{b}{a} + \frac{1}{\varepsilon_2}\ln\frac{c}{b}} \cdot \frac{V}{\varepsilon_2 r}$$

$$(10.25)$$

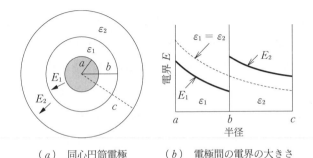

（*a*）　同心円筒電極　　　　（*b*）　電極間の電界の大きさ

図 *10.8*　同心円筒電極の段絶縁

ここで,誘電率を $\varepsilon_1 > \varepsilon_2$ に選ぶと,図(*b*)に示すように電極間に一種類の誘電体を充てんした場合より最大電界が低くなり,電界の変化幅も小さくなる。さらに,誘電体層を増加していけば,電界の変化幅を小さくして,一様な電界に近づけることができる。このような絶縁方法を**段絶縁**(graded insulation) という。地中ケーブルやコンデンサブッシングに応用されているが,製造工程が複雑になるため高価になる。

別の例では,中性点直接接地の変圧器巻線において,高圧線路側から中性点に至るに従って,絶縁を低下していく絶縁構造も段絶縁と呼ばれている。図 *10.9* に外鉄形段絶縁変圧器の右側半分の概略を示す。遮へい板は,高圧巻線端子に接続して,巻線端付近のストレス集中を緩和するのに有効である。

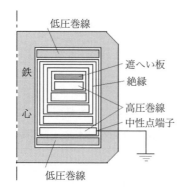

図 10.9 外鉄形段絶縁
変圧器

10.2.3 遮　　　へ　　　い

　高電圧系統で使用される変圧器は，雷インパルス電圧が変圧器に侵入してくると，巻線の端部に異常電圧が集中する。これは，巻線の対地静電容量に比して巻線の直列方向の静電容量が小さいために起こることがわかっている。この対策として，**図 10.10**(*a*)に示すような円板巻線の外側に遮へい導体をおいたもので縦続遮へいと呼ばれている。図(*b*)に遮へいの有無によるコイル位置の電位の関係を示す。遮へいをすることにより，巻線の直列方向の静電容量が大きくなるために電位分布が改善できることがわかる。

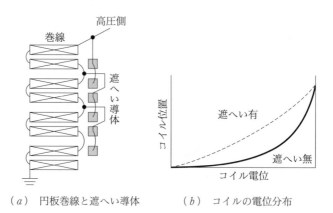

(*a*)　円板巻線と遮へい導体　　　(*b*)　コイルの電位分布

図 10.10　変圧器巻線の遮へい効果

10.3 絶 縁 協 調

10.3.1 絶 縁 協 調

　図 **10.11** の変電所内のように，一つの電気系統に多くの変圧器や遮断器が接続されている場合，それぞれの機器について絶縁の強さを送電線落雷時の雷サージに耐えるようにすることは不経済で，実際には不可能である。そこで，雷サージの侵入側に**避雷器**（lightning arrester）を設置して変圧器などに過大な電圧がかからないようにしている。このように，電気系統各部の機器，設備間の絶縁の強さに関して技術上，経済上ならびに運用上から見て最も合理的な状態になるように協調を図ることを**絶縁協調**（insulation coordination）という。系統の常規使用電圧に対して異常電圧は，外部からの雷サージ，内部で発生する開閉サージおよび地絡事故などに起因すると考えられるが，内部異常電圧は，遮断器や保護装置の改善で極力低い値に抑えられているので，特別の場合を除き絶縁協調の対象となるのは通常雷サージである。

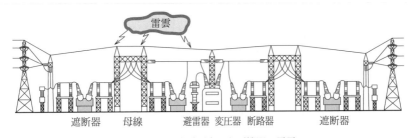

図 10.11　変電所内の主要機器と雷雲

10.3.2 絶縁階級と基準衝撃絶縁強度

　絶縁協調の概念に基づいて，絶縁設計の標準化を行うために絶縁階級を設け，雷インパルス電圧の試験電圧値を基準衝撃絶縁強度（basic insulation level, BIL）として定めていた。しかし，多様化する試験に対してそぐわなくなったとして，電気学会電気規格調査会標準規格（JEC）の定める JEC-

193 (1974) 試験電圧標準で「BIL」を，JEC-0102 (1994) 試験電圧標準で「絶縁階級」の用語を廃止した。現在，BIL に相当する雷インパルス耐電圧試験値が定められ，絶縁協調設計の目安となっている。**図 10.12** に定格 154 kV，雷インパルス耐電圧 750 kV の変圧器を中心とする系統の絶縁協調の設計例を示す。避雷器の制限電圧は，変圧器の雷インパルス耐電圧より 20 ％程度小さくとり，避雷器によって保護を受けない機器には，雷インパルス耐電圧より高い絶縁強度を機器の種別ごとに定めている。

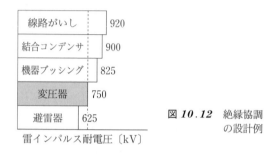

線路がいし	920
結合コンデンサ	900
機器ブッシング	825
変圧器	750
避雷器	625

雷インパルス耐電圧〔kV〕

図 10.12 絶縁協調の設計例

演 習 問 題

【1】 等角写像法によって平行平板コンデンサ端の電位分布を求める方法を調べてみよ。

【2】 電荷重畳法に使うリング電荷が，任意点につくる電位を表す式を求めよ。

【3】 $\begin{bmatrix} 1 & x_1 & y_1 \\ 1 & x_2 & y_2 \\ 1 & x_3 & y_3 \end{bmatrix}$ の逆行列を求めよ。

【4】 有限要素法では，要素内の電界はどのような式で表せるか。

【5】 式(10.25)を導出せよ。

【6】 段絶縁変圧器について説明せよ。

【7】 **図 10.13** に示す同軸ケーブルがあり，それぞれ ε_1，ε_2 の誘電率をもつ絶縁体で内外導体を絶縁する場合，両絶縁体中の最大電界を等しくするためには，

それぞれの厚さをどのようにすればよいか。

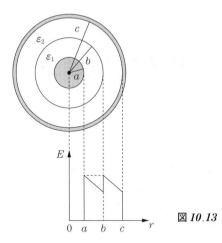

図 10.13

11

高電圧の発生

　高電圧の発生は，各種絶縁材料の破壊メカニズムの解明や絶縁構成の評価，実用機器の長期信頼性の把握，雷や開閉サージなどの異常電圧が高電圧機器の絶縁特性に及ぼす影響を調べるため必要となる。さらに，他の産業分野で高電圧を応用する場合において必要不可欠な技術となる。

　本章では，高電圧の種類として大別される交流・直流・インパルス電圧の発生方法について説明する。

11.1　交流高電圧の発生

　交流高電圧は一般に**変圧器**（transformer）を用いて発生させる。高電圧工学で必要な交流電圧は，**絶縁破壊試験**（dielectric breakdown test）などの各種試験を行うことがおもな目的であることから，大容量が要求される電力用変圧器の仕様とは異なる。このような高電圧発生に主眼をおいた変圧器を**試験用変圧器**（testing transformer）という。

　電力用変圧器と比較して，絶縁破壊を前提に設計されているため破壊時の電圧振動を抑える工夫がなされている。また，高電圧の基礎的試験のため，低電圧から高電圧まで発生できるよう一次・二次巻線の巻数比が大きい，高圧巻線側を接地している，大電流を必要としないため定格容量が小さい，短絡電流が制限されるため電磁力が小さい，短時間定格であり冷却が不要であるといった特徴をもつ。150 kV を超える高電圧発生用の変圧器の構造は内鉄型円筒巻線が多い（*10*章参照）。

　試験用変圧器は 1 台で 1 000 kV 以上の高電圧を発生させるものもあるが，

500 kV 以上の高電圧を発生させる場合，内部絶縁や経済性を考慮して二つ以上の変圧器を**縦続接続**（cascade connection）する方式がとられる。

　図 **11.1** に 2 台の試験用変圧器を用いた縦続接続の例を示す。2 台目の変圧器 T_2 の入力を 1 台目の変圧器 T_1 の高電圧側タップからとっている。また，T_2 の変圧器は架台などで対地絶縁している。T_2 の架台は T_1 の出力に耐える絶縁を施すことで良いため，機器の製作が安価で容易になる利点がある。通常 3 段や 4 段として用いられている。

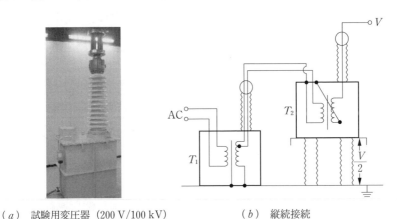

（ a ）　試験用変圧器（200 V/100 kV）　　　（ b ）　縦続接続

図 **11.1**　試験用変圧器の縦続接続

　試験用変圧器は巻数比を大きくするため，細い線を用いていることが多い。インダクタンスや分布容量の値によっては共振周波数が数百 Hz 程度になることもある。したがって，入力電圧に第 3 高調波や第 5 高調波が含まれると，共振現象によって異常電圧が発生することも考えられるため注意を要する。

　一方，長尺の電力ケーブルのように評価の対象となる電力機器の静電容量が大きくなると充電電流によって試験用変圧器の電源容量が不足する。この場合，周波数が 1 Hz 程度の低周波高電圧を用いることもある。

　高周波高電圧は，絶縁材料の加速試験や各種放電現象の解明，他の産業分野での高電圧応用技術として利用されている。テスラコイル（Tesla coil）や高周波発電機，アーク発振器などが用いられる。

11.2　直流高電圧の発生

　直流高電圧は，交流電圧を整流する方法と静電気を利用する方法に大別される。単純な回路は半波整流や全波整流回路である。回路構成は通常の電子回路とさほど異ならないが，一つの素子で数〜数十 kV の電圧に耐える高電圧用整流器や高電圧用コンデンサが用いられる。

　図 11.2 に半波整流回路を示す。コンデンサ C の両端に試料 R をつなぐと，期間 t にコンデンサが試料に放電する電荷量 ΔQ は式(11.1)となる。

$$\Delta Q = C\Delta V \tag{11.1}$$

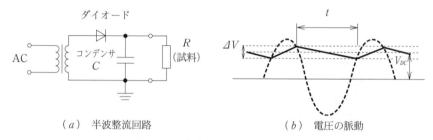

（a）　半波整流回路　　　　　　（b）　電圧の脈動

図 11.2　半波整流回路と電圧の脈動

また，試料に流れる電流 I を用いて表すと式(11.2)となる。

$$\Delta Q = I \times t = \frac{V_{DC}}{R} \times t \tag{11.2}$$

　式(11.1)と式(11.2)を式(11.3)のように変形する。電流が小さいときには t は交流の一周期に近い。

$$C\Delta V = \frac{V_{DC}}{R} \times t \cong \frac{V_{DC}}{R} \times \frac{1}{f} \tag{11.3}$$

　直流出力電圧 V_{DC} と，その変化割合 ΔV の比を**脈動率**（ripple factor）と定義すると，脈動率は式(11.4)で近似され，周波数と静電容量，直流高電圧を印加する負荷に依存することがわかる。変動を抑えるにはコンデンサの容量を大きくするか，周波数を高くする必要がある。

$$\frac{\varDelta V}{V_{DC}} = \frac{1}{fCR} \tag{11.4}$$

一方，半波整流や全波整流では，直流高電圧の要求電圧が高くなるほど，整流器やコンデンサに負担がかかるため，多段整流回路が用いられることがある。代表的な例として，**コッククロフト・ウォルトン**（Cockcroft-Walton）**回路**を図 **11.3** に，その動作を図 **11.4** に示す。交流の半サイクルでコンデンサがつぎつぎと充電される原理である。

静電気を利用する方式として**静電発電機**がある。静電発電機は電荷を帯電さ

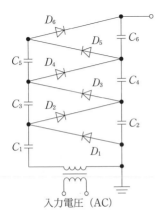

（*a*） 回路図 　　　（*b*） 　出力 220 kV，100 mA 装置

図 **11.3** コッククロフト・ウォルトン回路（6 段）

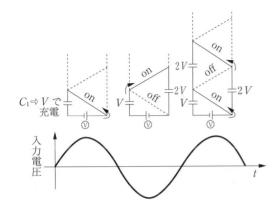

図 **11.4** 動作原理（コンデンサの充電）

コーヒーブレイク

静電気でビリィ

空気の乾燥する冬の時期には，金属性のドアのノブに触れてバチッときたり，セータを脱ぐときにパチパチきたり，スカートがまとわりついたりすることがある。

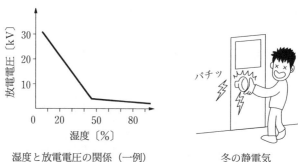

湿度と放電電圧の関係（一例）　　　　冬の静電気

これらの一連の現象は静電気現象である。静電気はものをこすり合わせると必ずできる。すべてのものは原子からできていて，原子にはプラスの電気をもつ原子核とマイナスの電子があって，プラスとマイナスのバランスが保たれている。こすり合わせるとバランスが崩れて静電気が発生する。このような静電気は冬には数千〜数万 V の高電圧になることもある。

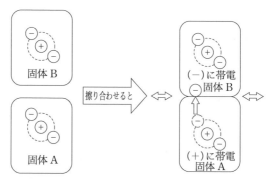

摩擦による帯電

　静電気から身を守るために，帯電防止スプレーやキーホルダーなどさまざまなものが販売されているその一方で，この厄介者，静電気を利用した多くの有益な装置があることも知っておこう（**15.2** 節参照）。

せることによって直流高電圧を得る装置である。代表的なヴァン・デ・グラフ (Van de Graaff) 発電機を**図 11.5**に示す。コロナ放電によって絶縁ベルトに電荷を蓄積させ，電動機でベルトを回転させることで，上部に設けられた球電極で電荷を収集し高電圧を得る。絶縁ベルトへの電荷の蓄積は摩擦を利用する場合もある。

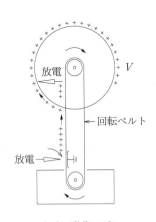 

(*a*) 動作モデル (*b*) ベルト式静電発電機

図 11.5 静電発電機（ヴァン・デ・グラフ）

大規模なものでは数千 kV という高電圧を得ることもできる。しかしながら，球電極表面でコロナ放電が生じると蓄積した電荷が逃げるため，球の半径 r〔cm〕によって発生できる電圧が決定される。

$$V = Er \tag{11.5}$$

周囲が空気とすると，コロナ開始電界が約 30 kV/cm であるため，電圧は式(11.6)のようになる。

$$V = 30r \ \text{〔kV〕} \tag{11.6}$$

11.3 インパルス高電圧の発生

インパルス電圧（impulse voltage）とは短時間で発生し消滅する過渡的な

パルス電圧である。高電圧工学では，おもに雷や機器のスイッチングなどが原因で発生する異常電圧を示す。

　雷を模擬したものを**雷インパルス**（lightning impulse）**電圧**といい，開閉器のスイッチングなどによって発生する異常電圧を模擬したものを**開閉インパルス**（switching impulse）**電圧**という。インパルス電圧は絶縁評価のため用いられることから，破壊メカニズムや絶縁破壊に伴う二次的な現象を単純化するため規格化された波形が必要となる。

　一方，送電線に発生する場合は，それぞれ**雷サージ**（lightning surge）**電圧，開閉サージ**（switching surge）**電圧**と呼ぶ。これらの異常電圧はインパルス電圧に振動分が重畳した複雑な波形となることが多い。

　図 **11.6** に雷インパルス電圧波形を示す。雷インパルス電圧は非常に短時間で立ち上がるため，電圧印加直後の時間遅れや振動の影響を受けやすい。放電に直接影響しない電圧印加直後の影響を取り除き，**波頭長** T_f（wave front）および**波尾長** T_t（wave tail）を定義することで波形の規格化を行っている。

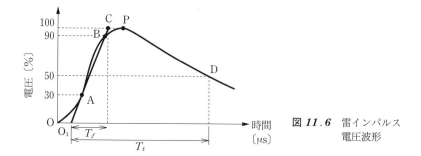

図 **11.6**　雷インパルス電圧波形

　波頭長は波高点（最大値点P）に対し，30 ％（A）と 90 ％（B）を直線で結び，その延長が時間軸と交わる点を規約原点 O_1，時間軸と平行に波高点から引いた直線と交わる点をCとし，O_1 からCまでの時間で示される。30 ％値を用いることで電圧印加直後の影響を極力抑えている。波尾長は波高点から 50 ％に減衰した点Dで定義し，O_1 からDまでの時間で示される。国際基準に

よると雷インパルス波形の波頭長は $1.2\,\mu\mathrm{s}$，波尾長は $50\,\mu\mathrm{s}$ であり，通常 $1.2/50\,\mu\mathrm{s}$ または $(1.2\times50)\,\mu\mathrm{s}$ と示される。

図 **11.7** に開閉インパルス電圧波形を示す。開閉インパルスは雷インパルスに比べ継続時間が長いため電圧印加直後の影響は無視できる。波頭長と波尾長はそれぞれ原点 (O) から波高点 P までと原点から電圧が $50\,\%$ に減衰する点 D までの時間で示される。国際基準によると開閉インパルスは $250/2\,500\,\mu\mathrm{s}$ となる。

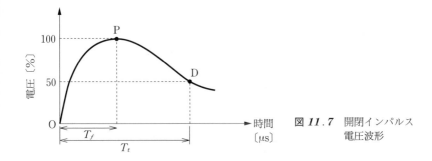

図 **11.7** 開閉インパルス
電圧波形

インパルス電圧を発生させる回路は R-L-C 素子で構成され，コンデンサに蓄えられた電荷を放電させる過渡現象を利用している。図 **11.8** に基本的なインパルス発生回路を示す。

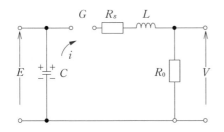

図 **11.8** インパルス
発生回路

直流高電圧回路によってコンデンサ C が充電される。ギャップ G を短絡させることで，C に充電された電荷は，R_s，L，R_0 を介して放電する。その際，R_0 に現れる電圧がインパルス電圧となる。ここで，R_s は高調波振動を抑制するための制動抵抗である。高速スイッチの働きをするギャップの短絡には，ギャップの間隔を機械的に狭めることや，ギャップに電気的な始動パルスを加え

ることで放電させる方法がとられる。

R_0 の端子間に現れるインパルス電圧を求める。図の回路の特性は式(11.7）で求めることができる。

$$L\frac{di}{dt} + (R_s + R_0)i + \frac{1}{C}\int idt = 0 \tag{11.7}$$

両辺を微分すると式(11.8）となる。

$$L\frac{d^2i}{dt^2} + (R_s + R_0)\frac{di}{dt} + \frac{1}{C}i = 0 \tag{11.8}$$

この式の解は $i = Ae^{xt}$ となるため，式(11.8）に代入し x を求める。

ここで，$di/dt = Axe^{xt}$, $d^2i/dt^2 = Ax^2e^{xt}$ である。

$$\left\{Lx^2 + (R_s + R_0)x + \frac{1}{C}\right\}Ae^{xt} = 0 \tag{11.9}$$

$$x = \frac{-(R_s + R_0) \pm \sqrt{(R_s + R_0)^2 - 4L\dfrac{1}{C}}}{2L} \tag{11.10}$$

$x = -\alpha + \beta$, $B_2 = -\alpha - \beta$ とおくと

$$\alpha = \frac{R_s + R_0}{2L}, \quad \beta = \frac{\sqrt{(R_s + R_0)^2 - 4\dfrac{L}{C}}}{2L}$$

式(11.8）の一般解は式(11.11）のようになる。

$$i = A_1e^{-(\alpha-\beta)t} + A_2e^{-(\alpha+\beta)t} \tag{11.11}$$

A_1，A_2は定数で初期条件から求まる。第1の初期条件は $t = 0$ のとき $i = 0$ であることから式(11.11）より式(11.12）が求まる。

$$A_1 = -A_2 \tag{11.12}$$

式(11.11）を微分し $t = 0$ で $A_1 = -A_2$ を代入すると式(11.13）を得る。

$$\frac{di}{dt} = -(\alpha - \beta)A_1e^{-(\alpha-\beta)t} - (\alpha + \beta)A_2e^{-(\alpha+\beta)t}$$

$$\tag{11.13}$$

$$\frac{di}{dt} = -(\alpha - \beta)A_1 - (\alpha + \beta)(-A_1) = 2\beta A_1$$

もう一つの初期条件は $t = 0$ において，C 両端の電荷量 $q(0) = CE$ である。別の表現では $i = 0$ であるので式(11.7）は式(11.14）とも表せる。

$$L\frac{di}{dt} = E \tag{11.14}$$

式(11.13)を用いると

$$L\frac{di}{dt} = L \times 2\beta A_1 = E$$

となり，$A_1 = E/2\beta L$ が求まる。

また，$\alpha = (R_s + R_0)/2L$ より，定数 A_1，A_2 が式(11.15)のように求まる。

$$A_1 = \frac{\alpha E}{\beta(R_0 + R_s)}, \quad A_2 = -\frac{\alpha E}{\beta(R_0 + R_s)} \tag{11.15}$$

したがって，R_0 の端子間に現れる電圧 V は式(11.16)となる。

$$V = iR_0 = \gamma E\{e^{-(\alpha-\beta)t} - e^{-(\alpha+\beta)t}\} \tag{11.16}$$

$$\left(\alpha = \frac{R_s + R_0}{2L}, \ \beta = \frac{\sqrt{(R_s + R_0)^2 - 4\dfrac{L}{C}}}{2L}, \ \gamma = \frac{\alpha}{\beta} \times \frac{R_0}{R_0 + R_s}\right)$$

β が実数の場合 $R_s + R_0 > \sqrt{2L/C}$ は，図 **11.9** で示されるインパルス電圧波形となる。

なお，式(11.16)から，右辺の第1項がインパルス電圧の減衰特性（波尾長），第2項が立ち上がり特性（波頭長）を決定していることがわかる。

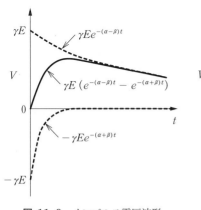

図 **11.9** インパルス電圧波形

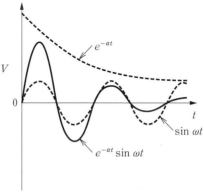

図 **11.10** 振動波形

一方，**図 11.8** の回路の抵抗 (R_s, R_0) を小さくすると，$R_s + R_0 <$ $\sqrt{2L/C}$ となり β は虚数となる。

このとき，得られる波形は式(11.17)で定義する ω を用いて表すと，式(11.18)となる。これは**図 11.10** で示すように振動波形となる。この場合が，インパルス大電流発生器となる。

$$j\omega = j\frac{\sqrt{4\dfrac{L}{C} - (R_s + R_0)^2}}{2L} \tag{11.17}$$

$\sin \omega t = (e^{j\omega t} - e^{-j\omega t})/2j$ より

$$V = \frac{2\alpha}{\omega}\cdot\frac{R_0}{R_0 + R_s}Ee^{-\alpha t}\sin \omega t \tag{11.18}$$

インパルス電圧は多くの場合，数百 kV 以上の高電圧が要求される。**図 11.8** のような回路では整流素子の性能によって発生できる電圧が決定されるため，コンデンサや抵抗を多数用いた多段インパルス発生回路が用いられることが多い。多段インパルス発生回路はコンデンサを分割充電し，すべてのコンデンサの電荷を一気に放電させることによって高電圧を出力する。電源側から見て，コンデンサの充電抵抗の接続方法によって**図 11.11** に示すように，図

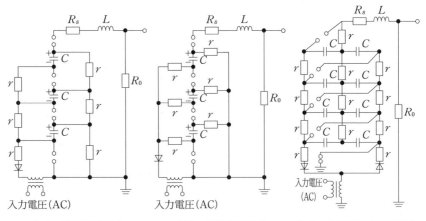

　（a）　直列充電方式　　　　（b）　並列充電方式　　　　（c）　倍電圧直列充電方式

図 11.11　多段インパルス発生回路

(a)直列充電方式，図(b)並列充電方式，図(c)倍電圧直列充電方式が用いられる。

演 習 問 題

【1】　試験用変圧器の特長を説明せよ。

【2】　変圧器の縦続接続の特長を説明し三つの変圧器を使用した回路を示せ。

【3】　ファン・デ・グラフ発電機を用いて $1\,200\,\mathrm{kV}$ の直流を発生させたい。このときの注意点を説明せよ。

【4】　雷インパルス電圧波形を描き各部を説明せよ。

【5】　$E = 1\,\mathrm{V}$，$C = 0.042\,\mu\mathrm{F}$，$L = 540\,\mu\mathrm{H}$，$R_s = 0$，$R_0 = 1\,200\,\Omega$ として，インパルス電圧波形の概形を描け。また，描いた波形から波頭長，波尾長を求めよ。

【6】　図 11.12 において非振動となる条件 $(L + RR_0C_0)^2 - 4LR_0C_0(R + R_0) \geqq 0$ を求めよ。

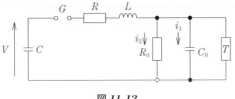

図 11.12

【7】　図 11.13 において C を電圧 V に充電しておき，これを R，L を通じて充電することは，図 11.14 において C を充電しないで電池を接続することと等しいことを証明せよ。

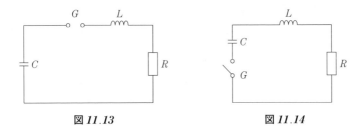

図 11.13　　　　　　　　　　図 11.14

12

高電圧と大電流の測定

電圧の種類には低圧（直流 $V \leqq 750$ V，交流 $V \leqq 600$ V），高圧（直流 $750 < V \leqq 7\,000$ V，交流 $600 < V \leqq 7\,000$ V），特別高圧（直流，交流とも $V > 7\,000$ V）の 3 種類がある。

本章では高圧，特別高圧に対応する電圧の測定について述べる。高電圧の測定に関しては，「実際の送配電系統で電圧を測定する場合」「実験室で電圧を測定する場合」の二つが想定できる。

また，測定対象が交流（商用周波数）か直流か高周波かで測定方法も変わってくる。本章では代表的な測定方法（測定器）に関して整理し以下に述べる。

12.1 実際の送配電系統で高電圧を測定する方法

つぎに示す二つの装置が変電所や工場等の受電設備に設置されている。これらは送電系統の高圧側から入力線を引き込み，出力側に電圧計を接続している。測定値が実効値か平均値かは電圧計の種類によるが，一般的には実効値である。

12.1.1 計器用変圧器

図 *12.1*，図 *12.2* に示す**計器用変圧器**（potential transformer, PT または voltage transformer, VT）は主として 100 kV 以下の電圧の測定に利用される（電圧が高いと高価なため，次項のコンデンサ形計器用変圧器が使用される）。

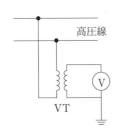

図 **12.1** 計器用変圧器原理図　図 **12.2** 計器用変圧器 (6.6 kV)

12.1.2 コンデンサ形計器用変圧器

図 **12.3** の回路中の C_1 は一般的に 2 000〜8 000 pF であり，L はリアクトルのインダクタンスである。Z は計器（電圧計）と**コンデンサ形計器用変圧器**（capacitance potential device, PD）からなるインピーダンスである。高圧線の電圧の角周波数を ω とすると次式が成り立つ。

$$\frac{V_1}{V_2} = \frac{C_1 + C_2}{C_1} + \frac{1 - \omega^2 L(C_1 + C_2)}{j\omega C_1 Z} \tag{12.1}$$

ここで

$$L = \frac{1}{\omega^2(C_1 + C_2)}$$

とすると，式(12.1)は以下のように簡単に表せる。

$$\frac{V_1}{V_2} = \frac{C_1 + C_2}{C_1}$$

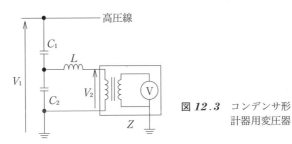

図 **12.3** コンデンサ形
計器用変圧器

12.2 実験室で高電圧を測定する方法

12.2.1 静 電 電 圧 計

原理的には，コンデンサの電極に働く力を利用するものである。**図 12.4**中の可動電極と固定電極にそれぞれ電圧 V_2, V_1 が印加されたとき，その電極間距離が d であるときに蓄えられるエネルギー W は次式となる。

$$W = \frac{C(V_1 - V_2)^2}{2} = \frac{\varepsilon_0 A(V_1 - V_2)^2}{2d}$$

仮想変位の法則によって式(12.2)が成り立つ。

$$F = -\frac{\partial W}{\partial d} = \frac{\varepsilon_0 A(V_1 - V_2)^2}{2d^2} \tag{12.2}$$

これより，可動電極を引っ張る力は電極間電圧の 2 乗に比例し，可動電極の引張力の平方根は電圧の実効値に比例することがわかる。

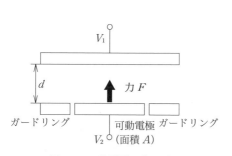

図 12.4 静電電圧計の原理

図 12.5 静電電圧計

静電電圧計には可動電極が回転するタイプと可動極が平行移動するタイプがある。前者の代表がケルビン（Kelvin）型で測定範囲は 500 V～20 kV である。後者の代表がアブラハム・ビラード（Abraham-Villard）型で 500 kV まで測定できる。この電圧計は実効値を測定するものであり，原理的には周波数に対する依存性はないが，一般には直流および商用周波数の測定に用いられる。可動極が平行移動するタイプを**図 12.5** に示す。

12.2.2　火花ギャップ法

〔**1**〕　**球ギャップ法**　火花ギャップの代表的なものである。直径の等しい球をあるギャップの長さで向かい合わせ，この間を放電させることでそのギャップに印加された電圧を把握するものである。これはギャップ長が球の直径以内であれば，球にはさまれた空間の最短距離付近において電界分布が平等電界にほぼ等しい，という性質を利用したものである。構造は垂直型（球が大きい場合）と水平型（球が小さい場合：**図12.6**）がある。球ギャップで測定できる電圧は，フラッシオーバ電圧の特性から，交流あるいは高周波の場合は波高値となる。

図12.6　水平型ギャップ

球ギャップの高圧側には100〜1 000 kΩ の直列保護抵抗を入れて，放電電流を制御するとともに異常高電圧の発生を抑制することになっている。

フラッシオーバが発生したときの電圧値は，そのギャップ長と球の半径から JEC 170（交流）あるいは JEC 213（直流，インパルス）の表から与えられる。この表での値を V_0 とすると，V_0 は 20 ℃，1 013 hPa 時の標準状態での値であり，それを補正する必要がある。気温 t 〔℃〕，気圧 P_0 〔hPa〕のときの相対空気密度を δ とすると式(12.3)となる。

$$\delta = \frac{273 + 20}{273 + t} \cdot \frac{P_0}{1\,013} = \frac{0.289\,P_0}{273 + t} \qquad (12.3)$$

$0.95 \leqq \delta \leqq 1.05$ ならば，放電電圧 V は式(12.4)となる。

$$V = \delta V_0 \qquad (12.4)$$

また，δ の値が 0.95 以下か 1.05 以上の場合は**表12.1**の補正係数 k を δ の代わりに用いる。球ギャップでの測定誤差は，ギャップ長が球直径以内な

表 12.1 相対空気密度と補正係数

δ	0.70	0.75	0.80	0.85	0.90	0.95	1.00	1.05	1.10	1.15
k	0.72	0.77	0.81	0.86	0.91	0.95	1.00	1.05	1.09	1.13

ら，約3％程度である。

　球ギャップにおけるフラッシオーバ電圧は表面が汚れていると低くなる。そのために，使用前には研磨液と布でよく磨きアルコールと布でよくぬぐって表面状態が美しくなるように仕上げる。つぎに，測定する電圧値よりもやや低い電圧，やや小さいギャップ長で数回フラッシオーバさせ，その電圧値が一定になるまで繰り返す（予備フラッシオーバ）。球の表面処理が不十分な場合は，このフラッシオーバの回数を多くしなければならない。

　〔**2**〕　**その他のギャップ**　　針ギャップ法は，高電圧になるとコロナが発生しやすい，針の先端形状によって放電電圧が大きく異なる，など正確な測定が困難であまり使用されない。

　棒ギャップ法は各辺 12.5 mm の正方形断面を有する金属棒を使用するもので，装置が簡単であるため，インパルス電圧の測定に使用されることがある。ただ，負性の電圧時はばらつきが多く，正極性電圧の場合のみ使用される。

12.2.3　倍率器と指示計器

　図 12.7 に示す倍率器中の Z に相当するのが抵抗の場合とコンデンサの場合があり，前者は商用周波数と直流の両方に，後者は商用周波数に使用される。

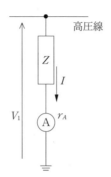

図 12.7 倍率器

　Z が抵抗性 R の場合，$R \gg r_A$ の条件で，高電圧 V_1 は $V_1 = IR$ で求めることができる。Z が容量性 C の場合（$Z = 1/j\omega C$），$1/\omega C \gg r_A$ のとき，高電圧 V_1 は $V_1 = I/\omega C$ で求めることができる。

　ここでは電流値が小さいため，可動コイル式のマイクロアンペアメータがよく使われる。この計器の指示値は交流においては平均値である。

　倍率器は 20 kV 以上の電圧を測定しようとすると，倍率要素を油中あるいは窒素ガス中に入れるなどの工夫が必要になる。

12.2.4　分圧器と計測器

〔*1*〕　**分圧器の原理**　　図 *12.8* 中の Z_1，Z_2 に相当する代表的なものとして抵抗(R)，キャパシタ(C)，抵抗キャパシタ（CR）がある。$Z_2 \ll$ 電圧計の内部インピーダンスのとき，高電圧 V_1 は次式で表される。

$$V_1 = \left(1 + \frac{Z_1}{Z_2}\right)V \tag{12.5}$$

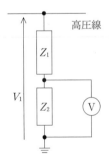

図 *12.8*　分　圧　器

〔*2*〕　**分圧器の種類**

　1）　**抵抗分圧器**　　抵抗分圧器は基本的に直流と商用周波数およびインパルス電圧の測定に用いられる。この分圧器は図 *12.8* 中の $Z_1 = R_1$，$Z_2 = R_2$ としたもので，この電圧 V_1 は，$R_2 \ll$ 電圧計の内部抵抗より，$V_1 = (1 + R_1/R_2)V$ となる。測定する電圧が高い（数十 kV 以上）場合には，形状が大きくて対地静電容量が無視できなくなったり，コロナ放電が発生したりすることにより倍率の誤差が大きくなるため図 *12.9* のようにシールドを設ける（シー

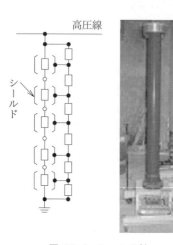

図 **12.9** シールド付
抵抗分圧器

図 **12.10** シールド電極付
抵抗分圧器

ルド付抵抗分圧器）。

　インパルス電圧の測定にもこの分圧器を使用する。この場合にもシールド電極を設け，急激な電流変化により生じる電界や磁界の影響を防ぐ（**図 12.10**）。

　2）　容量分圧器，抵抗容量（*CR*）分圧器　　この2種類の分圧器は基本的に商用周波数および高周波（100 kHz 程度まで）の高電圧測定に用いられる。*CR* 分圧器のほうが周波数成分を広範囲に設計できることから，現在は *CR* 分圧器が主流である。

　容量分圧器の場合は，**図 12.8** 中の $Z_1 = 1/j\omega C_1$，$Z_2 = 1/j\omega C_2$ としたものであり，V_1 は，$1/\omega C_2 \ll$ 電圧計の内部抵抗より

$$V_1 = \left(1 + \frac{C_2}{C_1}\right) V$$

となる。この分圧器で最も簡単なものは懸垂がいしによる分圧法である（**図 12.11**）。ここではよく静電電圧計が使用される。また高電圧（数十 kV 以上）になるとシールド電極を設ける必要が出てくる。

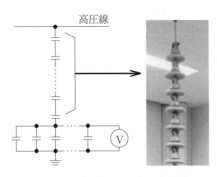

図 12.11 懸垂がいし（13 章参照）によるキャパシタンス分圧器

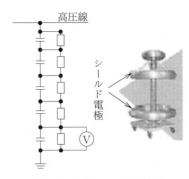

図 12.12 シールド電極付 CR 分圧器

CR 分圧器の基本回路図と実物写真を**図 12.12** に示す。このタイプはオシロスコープの高圧プローブとしてもよく使用されている。

12.2.5　測定方法と測定対象（実験室）

測定する高電圧の種類と代表的な測定方法との関係を**表 12.2** に示す。直流・商用周波数の交流・インパルス波については抵抗分圧器がおもに使用さ

表 12.2　測定方法と測定対象（実験室）

電圧種類	代表的な測定方法	測定対象	その他の測定法
交流高電圧 （商用周波）	倍率器 or 分圧器＋計測器	計測器に依存 （平均値or実効値）	
	静電電圧計	実効値	
	球ギャップ法	波高値	
直流高電圧 （波高値＝平均値 ＝実効値）	倍率器 or 分圧器＋計測器	直流電圧	
	静電電圧計	直流電圧	
	球ギャップ法	直流電圧	
高周波高電圧	球ギャップ法	波高値	ネオン管法＋分圧器 コロナ電圧法
	分圧器＋陰極線オシログラフ	波形の形状	真空管電圧計法＋分圧器 ねじれ振り子法
インパルス高電圧	球ギャップ法	波高値	クリドノグラフ 棒ギャップ
	分圧器＋陰極線オシログラフ	波形の形状	

れ，商用周波数・高周波には C キャパシタンス分圧器あるいは CR 分圧器がおもに利用される。最近あまり使われない測定方法を表にその他の測定方法として示した。

12.2.6 光を利用した測定方法

高電界が物質に加わると分極が起こり，光の屈折率が変化する。これを**電気光学効果**と呼び，この性質を利用して光を用いて電界の強さを測定する方法としてよく利用されるのが，ポッケルス効果とカー効果である。これらは同時に起こることはなく，分極構造によってどちらが起こるか決まる。前者は主として固体物質に起こり，屈折率の変化は電界に比例する。後者は主として液体に起こり，屈折率の変化は電界の 2 乗に比例する。

ポッケルス素子を利用した測定法の原理を**図 12.13** に示す。まず，レーザー光を偏光子で直線偏光とする（図(a)）。そして 1/4 波長板を通過させ円偏光させる（図(b)）。この光が電界を与えられたポッケルス素子を通過すると，素子の屈折率が変化しているため，X，Y 方向電界の一方の電界に位相遅れが発生し楕円偏光になる（図(c)）。この位相差（図中の $\Delta\theta$）が屈折率の変化分と直線関係にあることより，屈折率の変化を求めることができる。そして

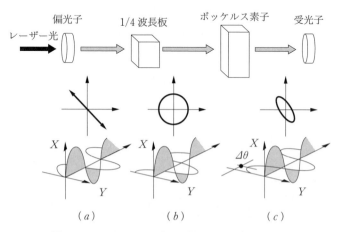

図 12.13 ポッケルス素子を使用した測定法の原理

屈折率の変化が電界に比例することより電界を求めることができる。

12.2.7 空間電荷の測定方法

直流高電圧を印加すると固体絶縁体内に空間電荷が蓄積することがある。空間電荷は，局所的な不平等電界を形成し絶縁破壊に影響を与える可能性が高いため定量的な評価が必要となる。

固体絶縁体内の空間電荷を計測する技術として，**熱刺激電流法**（thermally stimulated current method），**パルス静電応力法**（pulsed electro acoustic method）などがある。熱刺激電流法は絶縁体内にトラップされた空間電荷に，熱エネルギーを与えることで移動させ測定する方法である。試料内部の空間電荷の有無を電流として評価することができる。

パルス静電応力法は空間電荷に電気的な信号を与えることで測定する方法である。パルス静電応力法の原理と装置を**図 12.14**(*a*)，(*b*)に示す。

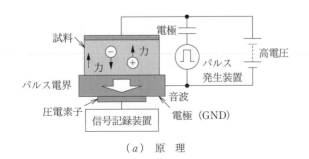

(*a*) 原 理

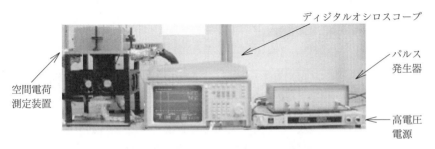

(*b*) 測定装置

図 12.14 パルス静電応力法の原理と装置

　空間電荷が存在した試料にパルス電圧を印加すると，試料内部にパルス電界が発生する。発生したパルス電界は試料内部に蓄積した電荷に力を及ぼす。この力によって試料中に音波が発生する。電極の一方に取り付けた圧電素子によって音波の時間変化を計測することで，空間電荷の位置と大きさを測定することができる。パルス静電応力法は，接地電極に圧電素子があるため，絶縁材料に電圧を印加した状態で空間電荷分布の測定が可能であり，絶縁破壊が発生しても装置に影響を与えない特長をもっている。

12.2.8　電流積分電荷法（$Q(t)$法）

　$Q(t)$法は，試料と直列に接続した積分コンデンサ C_{int} に試料を流れる電流 $I(t)$ をその積分値として電荷量として蓄積し，電荷量 $Q(t)$ の時間変化を計測し，その波形から試料の誘電特性や電気伝導特性，試料内の電荷の挙動などを測定する手法である。ここで t は時間である。

　図12.15 に $Q(t)$ メータの測定回路を示す。一般に誘電体材料に電圧 $V(t)$ を印加した場合に，誘電体の静電容量成分による変位電流 $I_{disp}(t)$ と誘電体の抵抗成分等による伝導電流 $I_{cond}(t)$ が流れる。変位電流成分は式（12.6）で表される。

$$I_{disp}(t) = C_s \frac{dV(t)}{dt} \tag{12.6}$$

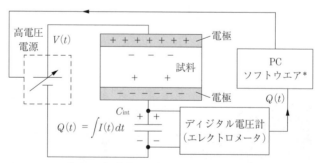

　＊　高電圧電源制御，$Q(t)$ データ取得，データ表示

図12.15　$Q(t)$ メータ（接地側測定タイプ）

ここで，印加電圧が**図 12.16**(a)に示す矩形波（波高値 V_m）とすると，$Q(t)$ は式(12.7)となり，図(b)の $Q(t)$ 波形になる。

$$Q(t) = \int I(t)\,dt = \int \{I_{\text{disp}}(t) + I_{\text{cond}}(t)\}\,dt$$

$$= C_s V_m + \int \frac{V_m}{R_s}\,dt = C_s V_m + \frac{V_m}{R_s}t \tag{12.7}$$

ここで，測定する誘電体の電気抵抗に相当する R_s がきわめて大きく誘電体が静電容量 C_s のみであるとすると，図(b)中 ① で示される $Q(t)$ が得られる。また，抵抗成分が∞ではなく，R_s とすると $Q(t)$ は ① ＋ ② となる。

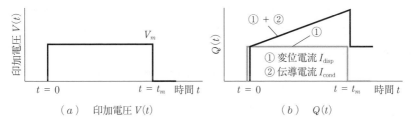

（a） 印加電圧 $V(t)$　　　　　　　（b）　$Q(t)$

図 12.16 $Q(t)$ メータの印加電圧と測定波形

なお，誘電体を単純な静電容量 C_s や抵抗成分 R_s の並列回路を等価回路として考えても，加える電界の大きさや時間により，C_s，R_s が変化する。また，誘電体材料の置かれる温度によっても C_s や R_s は変化する。さらに，高電界での電気現象として，電極からの電荷注入がある。試料内部に注入された電荷は，試料内をドリフトし蓄積する。このことから，$Q(t)$ は過渡的に変化することが知られている。

$Q(t)$ 法は，試料の電極形状に依存しない特長がある。このためパワーエレクトロニクス用半導体の封止樹脂，電力ケーブル，電力用コンデンサなどの製品形態の電力機器の絶縁材料において，長期間の高温・高電界・高湿度，放射線照射環境下で使用された場合の劣化現象を測定できる可能性があり絶縁劣化診断の評価方法として注目されている。

12.3　インパルス大電流の測定

インパルス大電流を測定する場合によく使われるのが，分流器とオシロスコープを組み合わせる方法で，電流が非常に大きくなり分流器が使用できない場合にロゴウスキコイルが使用される。

12.3.1　分流器とオシロスコープ

分流器の種類には，直線形分流器，折返形分流器，同軸形（かご形，円筒形）分流器があるが，よく利用されるのは同軸円筒形分流器である（**図 12.17**，**図 12.18**）。

また，インパルス電流測定回路の例を**図 12.19** に示す。分流比 S，電流 I は，R_s をシャント抵抗の抵抗値，$V(t)$ をオシロスコープの出力値とすると次式になる。

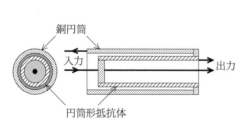

図 12.17　同軸円筒形分流器の構造

図 12.18　同軸円筒形分流器

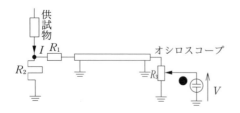

図 12.19　インパルス電流測定回路の例

$$S = \frac{R_s R_3}{R_s + R_1 + R_3}, \quad I = \frac{V(t)}{S} \tag{12.8}$$

12.3.2　ロゴウスキコイル

ロゴウスキコイル（Logowsky coil）は電磁誘導作用を利用したものである。導線に電流 I が流れたとき，その周りのコイルに起電力 V_i が発生し，そこに積分回路を接続すると電流 i が流れる（**図 12.20**）。

導線とコイルとの相互インダクタンスを M とするとこれらの間に以下の関係が成り立つ。

$$V_i(t) = -M\frac{dI}{dt} \tag{12.9}$$

$$V_i(t) = Ri + \frac{1}{C}\int idt \tag{12.10}$$

コーヒーブレイク

ロゴウスキコイルは直流も測れる？

　ロゴウスキコイルは誘導起電力を利用しているため交流専用であり直流は測れない。直流を測ることのできる直流変流器もある。電流を非接触で測定するものとしては，ロゴウスキコイルの他にホール素子がある。これは（測定する電流 I により発生した）磁界がホール素子にかかったときに発生する起電力 V_H が磁束密度に比例することを利用して電流 I を測定するもので，交流・直流に利用できる。ただフェライトコアを使用しているので，電流が大きすぎると磁気飽和して測定できなくなる場合がある。

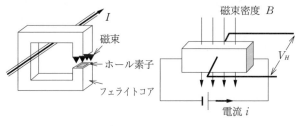

（a）磁束による電流測定　　　　（b）ホール効果

磁束による電流測定とホール効果

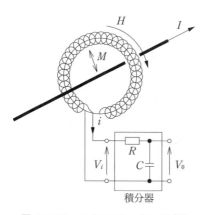

図 12.20 ロゴウスキコイルの原理

ロゴウスキコイル

図 12.21 ロゴウスキコイル

ここで R, C の値を大きく選び,式(12.8)の第2項を無視すると次式になる。

$$i \fallingdotseq -\frac{M}{R}\cdot\frac{dI}{dt}$$

$$\therefore\quad V_0(t) = \frac{1}{C}\int i\,dt = -\frac{M}{RC}I \tag{12.11}$$

出力電圧 V_0 と導線を流れる電流 I は比例し,I を測定できる。ロゴウスキコイルの実物例を図 12.21 に示す。

演 習 問 題

【1】 静電電圧計について説明せよ。

【2】 高電圧の測定には抵抗分圧器よりキャパシタ分圧器がよく使用されるがその理由を述べよ。

【3】 ロゴウスキコイルは何を測定するためのものか,またその原理について説明せよ。

【4】 球ギャップの清浄処理と予備フラッシオーバについて述べよ。

【5】 コンデンサ形計器用変圧器の原理について述べよ。

【6】 式(12.1)を導出しなさい。

【7】 温度 26 °C，気圧 751 hPa のとき，ギャップ長 10 mm の球ギャップの放電電圧を求めなさい。ただし，ギャップ長 10 mm の標準状態での火花放電電圧は 30.3 kV である。

【8】 コンデンサ形計器用変圧器について，**図 12.22** に示される場合に共振状態にすれば，Z に無関係となることを証明せよ。

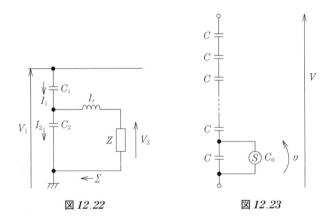

図 12.22　　　　　　　　　図 12.23

【9】 **図 12.23** に示すように，n 個の相等しいコンデンサ C を直列に接続し，そのうち 1 個を並列に静電電圧計に接続した。静電電圧計の読みが v のとき，測定される電圧 V はいくらか。ただし，静電電圧計の容量を C_0 とする。

13

高 電 圧 機 器

　高電圧下で使用される機器は，一般の機器より絶縁に関して特別の配慮が
されている。本章では，代表的な高電圧機器である，がいし，ブッシング，
電力ケーブル，コンデンサ，整流素子，断路器，遮断器，ガス絶縁開閉装置
(GIS) および避雷器について述べる。

13.1 が　い　し

13.1.1 懸 垂 が い し

　がいし（insulator）は，送配電線などを支持物に固定し，異常電圧に対し
て有効な絶縁性を保つ磁器でつくられた絶縁具である。その材料は，石英砂，
カリオン，長石などに機械的強度を増すためにアルミナを含有している。送電
用がいしは，**懸垂がいし**（suspension insulator）が最も広く使用されている。
接続金具によってクレビス形とボールソケット形に分けられるが，**図 13.1**

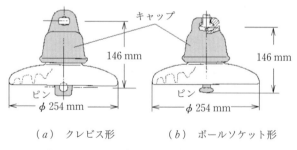

(a)　クレビス形　　　(b)　ボールソケット形

図 **13.1**　標準寸法懸垂がいし

（*a*），（*b*）にそれぞれの代表的な例を示す。従来は，クレビス形が広く用いられたが，連結長が短くなるボールソケット形も広く使用されるようになった。また，**図13.2**にボールソケット形耐塩がいし（ϕ254 mm）の側面と下面の写真を示す。耐塩がいしは，塩害地区で用いられ表面漏れ電流を抑えるためにかさのひだが深くなっているのが特徴である。

（*a*）側 面   （*b*）下 面

図13.2 ボールソケット形耐塩がいし

送電線をがいしでつるとき，懸垂づり，Ｖづりおよび耐張づりが一般的に用いられる。**図13.3**（*a*），（*b*）にそれぞれ懸垂づり，耐張づりの例を示す。耐張づりでは，懸垂づりより大きな荷重がかかるため，500 kV 送電鉄塔では，ϕ320 mm，荷重33 tf のがいしが使われている。

また，心材料にポリエチレンや強化プラスチック（fiberglass reinforced plastic, FRP）を使い，シリコンゴムで覆った**ポリマーがいし**（polymer insu-

 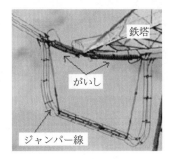

（*a*）懸垂づり   （*b*）耐張づり

図13.3 がいしづり方式

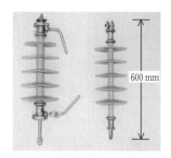

図 *13*.*4*　ポリマーがいし

lator）が，軽量性，耐汚損性に優れている利点から使われ始めている（図 *13*.*4*）。

13.*1*.*2*　長 幹 が い し

海岸や工場地区などの塩じんあいの汚損地区には，懸垂がいしに代わって**長幹がいし**（long-rod insulator）が使用される。**図 *13*.*5*** に 20 kV 用アークホーン付き長幹がいしを，**図 *13*.*6*** に 500 kV 送電鉄塔の長幹がいしを示す。

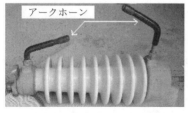

図 *13*.*5*　20 kV 用長幹がいし　　図 *13*.*6*　500 kV 送電鉄塔の長幹がいし

長幹がいしは，懸垂がいしに比べて，表面漏れ距離が大きく，胴径が細いので耐汚損特性が良好で，雨洗効果も大きく，途中に金属部分がないため急しゅんな雷インパルス電圧による沿面放電に強いなどの利点がある。一方，沿面放電が起こったとき磁器部分が割れて胴切れが起こり，送電線落下の大事故になる恐れがある。このため，アークをがいしから離すアークホーンやアークリングを設置するのが一般的である。

13.2 ブ ッ シ ン グ

13.2.1　単一形ブッシング

　ブッシング（bushing）は，高電圧機器のタンクや建造物の壁などを通して電線を引き出すための絶縁された端子で，絶縁部分が磁器またはエポキシ樹脂の単体でできているものを**がい管**という。がい管が，一層構造のものを**単一形ブッシング**（plain bushing）といい，構造が簡単で安価という利点があるが，中心導体とがい管の間に薄い空気層ができ，ここに部分放電が発生しやすいので 30 kV 以下で使用される。**図 13.7** に単一形ブッシングの構造図と**図 13.8** に 20 kV 単一形ブッシングの外観を示す。

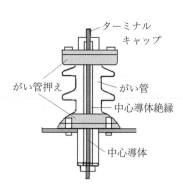

図 13.7　単一形ブッシング
構造図

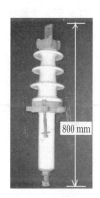

図 13.8　20 kV 単一形
ブッシング

13.2.2　油入ブッシング

　中心導体とがい管の間に円筒状成層絶縁物を同心的に配置して，これに絶縁油を充てんしたものを**油入ブッシング**（oil-filled bushing）という。絶縁油が空気層の生成を防ぐため，部分放電が発生しにくくなる。また，油の流動により，冷却効果も兼ねている。**図 13.9** に油入ブッシングの構造図を，**図 13.10** に 220 kV 油入ブッシングの外観を示す。

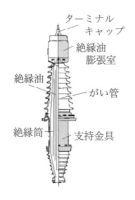

図 13.9 油入ブッシングの
構造図

図 13.10 220 kV 油入
ブッシング

13.2.3 コンデンサ形ブッシング

　ブッシングの接地金具周辺の絶縁物には，中心導体付近に電界が集中する。
これを，**10** 章で説明した段絶縁の原理を用いて合理的な絶縁構成になるよう
にしたものが**コンデンサ形ブッシング**（capacitor-type bushing）である。中
心導体の周りに絶縁紙と金属はくが交互に巻き上げられ，絶縁油が含浸され
る。これをコンデンサコーンという。金属はくの長さを適当に変えて，各層間

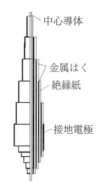

図 13.11 コンデンサ形
ブッシング構造図

図 13.12 500 kV コンデンサ形
ブッシング

の静電容量を等しくして，電圧分担を均一化している。このブッシングは，比較的高い電圧に適し，275 kV 以上のブッシングに用いられる。**図 13.11** にコンデンサ形ブッシングの構造図を，**図 13.12** に 500 kV コンデンサ形ブッシングの外観を示す。

13.3 電力ケーブル

架空高電圧送電線の大部分は，鋼心アルミより線（ACSR）が使用されていることは前に述べた。しかし，大都市周辺の環境調和や地下発電所からの電線引出しなどの特殊条件下では，高電圧電力ケーブルが用いられる。**図 13.13** に各種電力ケーブルの使用変遷を示す。かつて電力用ソリッドケーブルの主流であったベルトケーブル，H ケーブルおよび SL ケーブルは 1970 年代に姿を消し，架橋ポリエチレンを絶縁物とする CV ケーブルがそれにとって代わった。本節では，CV ケーブル，OF ケーブル，圧力ケーブルについて説明する。

図 13.13 各種電力ケーブルの使用変遷

13.3.1 CV ケーブル

CV ケーブル（cross linked polyethylene insulated vinyl sheath cable）は，絶縁物として架橋ポリエチレンを押出し成型したもので，軽量，誘電体損失が少ないなどの利点から広く用いられるようになった。33 kV 以下の配電用電力ケーブルはもとより，66～154 kV 地中送電線でも主流を占めるようになった。

図 **13.14** (*a*) に単心 CV ケーブルの構造図を示す。導体サイズが小さい場合
は，図(*b*)の単心ケーブルをより合わせたトリプレックス形 CV ケーブル
(CVT) が用いられている。

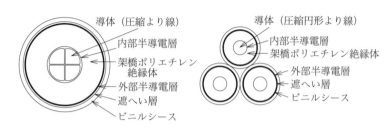

(*a*) 単心 CV ケーブル   (*b*) トリプレックス形 CV ケーブル

図 **13.14** CV ケーブル

13.3.2 油入ケーブル

油入ケーブル（oil-filed cable, OF cable）は，ケーブル内に絶縁油の通路を
もち，ケーブルの両端に油槽（oil tank）を設け油圧を大気圧以上に保って，
長さ方向に流通するとともに半径方向にも浸透できる構造になっている。この
ために，ケーブル内の絶縁紙層内にボイドが発生しないので絶縁耐力をソリッ
ドケーブルの 2 倍強にすることができる。図 **13.15** に 220 kV，2 500 mm² ビ
ニル防食アルミ被 OF ケーブルの構造図を示す。また，図 **13.16** に地下発電
所からの OF ケーブルヘッドと油槽の写真を示す。

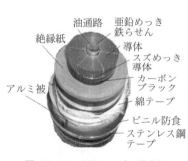

図 **13.15** OF ケーブル構造図

図 **13.16** 地下発電所 OF ケーブルヘッド

13.3.3 圧力ケーブル

ケーブルの絶縁層中の部分放電を抑止する方法として，絶縁油のほかに，窒素ガスなどの充てんがある。心線にコア絶縁を施し，外部を鉛被で強化して，その内側通路に 14 atm 程度の窒素ガスを封入したものを**コンプレッションケーブル**といい，**図 13.17**(a)にその構造を示す。これに対して，0.8〜1.2 atm 程度の低圧窒素ガスを充てんする低ガス圧ケーブルがある。図(b)にその構造図を表す。これらのケーブルは，絶縁油を使用していないので高低差の大きな場所の送配電に適している。

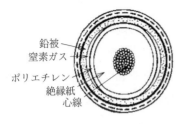

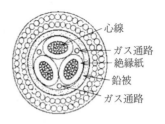

（ a ）　コンプレッションケーブル　　　　（ b ）　低ガス圧ケーブル

図 13.17　圧力ケーブル

13.4　高電圧コンデンサ

高電圧コンデンサは，直流用のものと交流用のものとに大別される。直流用では，整流回路の平滑，直流高電圧発生装置，雷インパルス電圧発生装置などに使用される。その構造，外観を**図 13.18** に示す。コンデンサ素子は，数枚の油浸クラフト紙（最近ではポリプロピレンコンデンサ紙）をアルミはくとともに巻き込み，リード線を引き出したものである。この素子を定格電圧・容量に応じて直・並列に接続して容器に密閉した構造になっている。

交流用では，力率改善のための進相コンデンサ，標準コンデンサ，結合コンデンサなどが多用されている。標準コンデンサ以外のコンデンサは，油浸紙をコンデンサ素子にした OF コンデンサである。

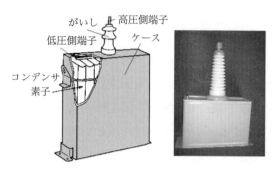

図 13.18　直流高電圧コンデンサの
構造と外観

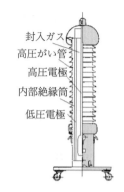

図 13.19　標準コンデンサ

　標準コンデンサは，高電圧測定における標準の測定器として用いられる。その構造は，高圧がい管の中に円筒状電極を設け，炭酸ガスあるいは六フッ化硫黄（SF_6）ガスを圧縮封入したもので，静電容量 100 pF，使用実効値電圧 800 kV くらいのものもある。静電容量の温度係数，誘電正接ともきわめて小さく 10^{-5} 以下といわれている。**図 13.19** にその外観を示す。

　結合コンデンサは，電力線搬送用（電力線に搬送波を乗せる）や PD 用の主コンデンサとして使用される。静電容量は，搬送用が 1 000 または 2 000 pF，PD 用では 5 000〜10 000 pF が標準となっている。構造は，磁器がい管の中に円筒状または反物状の油浸紙コンデンサ素子を積み重ねている。

13.5　高電圧整流素子

　直流高電圧を得るための一般的な方法として，交流高電圧を整流することはすでに学んだ。ここでは，整流素子について簡単に述べる。

　シリコン整流素子（ダイオード）を直列に接続した高電圧シリコン整流器が広く用いられている。シリコン整流器には，ピーク逆耐電圧 500 kV 以上，電流も数 A のものもある。**図 13.20** に 15 kV，500 mA（写真上）と 150 kV，100 mA（写真下）のシリコン整流器を示す。近年では，サイリスタ（thyristor）や IGBT（insulated gate bi-polar transistor）を直並列に多段接続することで高

図 **13**.**20** シリコン整流器

表 **13**.**1** 半導体材料における絶縁破壊電圧とバンドギャップ

材料	絶縁破壊電圧 E_c〔MV/cm〕	バンドギャップ E_g〔eV〕
Si	0.3	1.1
6H-Si	2.4	3.0
4H-Si	2.0	3.26
GaN	3.3	3.39
ダイヤモンド	5.6	5.45

コーヒーブレイク

変電所は，高電圧機器のデパートだ

　火力，原子力などの大規模発電所で発電された電気は，多くの変電所を中継して各工場，家庭へと電力供給される。この変電所の形式には，郊外に多い屋外式，市街地には環境，用地等の問題により屋内式，地下式が多い。

　図の屋外式変電所を見ると，まさに高電圧機器のデパートであり，送電電圧の昇降を行う変圧器や遮断器などの変電機器，また送電線や変電機器を事故から守る避雷器や保護継電器などが整然と並んでいる。

ガス遮断器と断路器群

変圧器群

ガス遮断群

避雷器群

屋外式変電所（写真提供：中国電力）

電圧かつ大電流の整流モジュールを構成する手法が多く採用されている。

また，半導体材料におけるバンドギャップがシリコンより大きい炭化ケイ素（Silicon carbide, SiC），窒化ガリウム（Gallium nitride, GaN），ダイヤモンドへ素材を変更することで，整流器のさらなる高電圧化が進んでいる。**表13.1**に，半導体材料における絶縁破壊電圧とバンドギャップを示す。表に示すとおり，新たな半導体材料は，従来のシリコンに比べて数倍〜十数倍の耐電圧を実現できるポテンシャルをもっている。

13.6 断　路　器

断路器（disconnecting switch）は高電圧受電端の母線側に位置し，遮断器が切断されている状態でのみ開閉可能な開閉器で，変圧器や遮断器などの点検・修理，送電線切換えなどのために用いられる。ブレードに対して一点切と二点切がある。

図13.22(*a*)にフック棒操作形の断路器と図(*b*)に遠方操作形水平一点切断路器を示す。

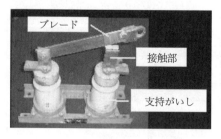
（*a*）フック棒断路器（6.6 kV）

（*b*）水平一点切断路器（110 kV）

図13.22 断　路　器

13.7 遮　断　器

遮断器（circuit breaker）は，変電機器や送電線の事故時の高電圧大電流を

遮断して，事故設備を電力系統から切り離すための機器である。事故時の大電流を遮断すると電極間に大きな誘導電圧が生じ，アークが発生する。このアークの消弧には，使用電圧，電流の大きさなどによっていろいろな方法があるが，一般的につぎの方法を併用する場合が多い。（1）高速開離，（2）冷却，（3）置換，（4）高気圧，（5）高真空，（6）分割，（7）電子付着などである。このうち，置換とは，遮断時に発生する高温ガスに冷たいガスまたは液体を吹き付けて，冷却と同時に電極周辺のガスを置換することである。

つぎに，変電所などで用いられている代表的な遮断器を簡単に説明する。

〔**1**〕**油入遮断器**　油入遮断器（oil circuit breaker, OCB）は，絶縁油を満した鉄タンクの中に樹脂製の消弧室を設け，その中に接触子を配置した構造である。電流を遮断したときアークの熱で油の一部がガス化され，ガスは急激に膨張してアークを消弧室横方向の細げきに押し込め，引き伸ばしたところに周囲の絶縁油が流入してアークを遮断する。**図 13.23**（a）に消弧室の概略図と図（b）に 66 kV 油入遮断器の外観を示す。

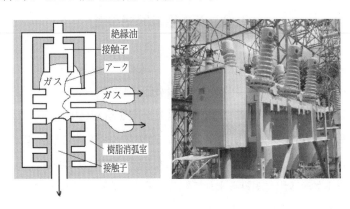

　　　（a）　消弧室の概略図　　　　（b）　66 kV 油入遮断器の外観

図 13.23　油入遮断器

〔**2**〕**空気遮断器**　空気遮断器（air-blast circuit breaker, ACB）では接触子が開離すると，別に準備された圧縮空気で高速気流が生じてアークを吹き消す構造になっている。

〔**3**〕 **ガス遮断器** 　六フッ化硫黄（SF$_6$）ガスは，絶縁耐力が空気の約 2.5 倍であるだけでなく，アーク中の電離電子や正イオンと結合して消弧を早めるなど，空気より消弧能力が優れている。この SF$_6$ ガスを 5 atm 以上にしてアークに吹き付けるもので，**図 13.24** に 500 kV **ガス遮断器**（gas circuit breaker, GCB）の外観を示す。

図 13.24 　500 kV ガス遮断器

13.8 　ガス絶縁開閉装置

　大気に代わって，絶縁性の優れた SF$_6$ ガスを用いて絶縁性を高め，変電設備をコンパクトにまとめ上げたのが，**ガス絶縁開閉装置**（gas insulated switchgear, GIS）である。GIS の構造は，SF$_6$ を 4〜6 atm 程度で充てんした管路の中に，変圧器以外の母線や断路器（DS），遮断器（CB），変流器（CT），避雷器（LA）などを，エポキシ樹脂のスペーサを使い収納した構造になっており，三相分が 1 ケース内に組み込まれている。**図 13.25** に 110 kV 2 回線の GIS の回路例を示す。また，**図 13.26** に GIS の外観を示す。

13.9 　避 　雷 　器

　避雷器（lightning arrester）は，電力系統に発生する雷サージや開閉サー

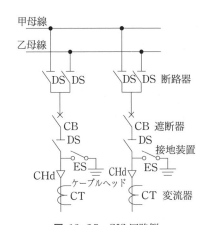

図 **13.25** GIS 回路例

図 **13.26** 110 kV GIS 外観

ジから変圧器や遮断器を保護するための装置で，**図 13.27** のように接続して使用する。避雷器の機能には，過電圧の抑制，続流の遮断，元の状態への自動復帰（自復性）が要求され，これを満足するためには，**図 13.28** のような非線形抵抗値をもつ特性要素が必要となる。従前の避雷器は，炭化ケイ素（SiC）を焼成した特性要素に直列ギャップを接続したものが用いられてきたが，最近，理想的な非線形抵抗値をもつ酸化亜鉛（ZnO）を主成分とする特性要素が開発され，直列ギャップレスの酸化亜鉛避雷器が今日の主流になっている。しかし，送電系統など接地事故の影響の大きい場所では直列ギャップ付きのものが使われている。

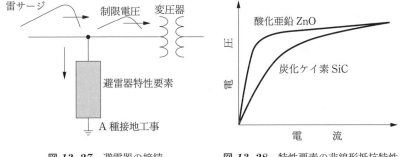

図 **13.27** 避雷器の接続

図 **13.28** 特性要素の非線形抵抗特性

避雷器の定格は，定格電圧，公称放電電流，制限電圧などで表される。定格電圧は，連続動作させても性能が落ちない商用周波数電圧の限度を表し，公称放電電流は，インパルス電流波形（8 × 20）μs に対して避雷器が動作し始める最大電流をいう。規定電流値は，10 kA の発変電所構内用，5 kA の電圧の低い発変電所用，2.5 kA の配電線路用の 3 種類ある。制限電圧は，避雷器に規定インパルス電流を流したときに，避雷器の両端に生じる電圧をいう。図 **13.29** に 500 kV 酸化亜鉛避雷器の外観を示す。

図 **13.29**　500 kV 酸化亜鉛
避雷器（矢印）

演 習 問 題

【1】 磁器がいしとポリマーがいしの得失を調べよ。

【2】 コンデンサ形ブッシングの各層の静電容量を等しくする方法を述べよ。

【3】 油入遮断器とガス遮断器の得失を挙げよ。

【4】 GIS の働きを述べよ。

【5】 避雷器の具備すべき性能を挙げよ。

【6】 波動インピーダンス $Z = 500\ \Omega$ の架空地線に共架した公称電圧 100 kV の送電線がある。懸垂がいしのせん絡電圧値は 945 kV，電線との結合係数 $C_f = 0.2$ とする。鉄塔に電撃があったときの雷電流を $I = 150\ \text{kA}$ とするとき，逆せん絡（フラッシオーバ）を起こさせないための接地抵抗の値はいくらか。

【7】　静電容量 C, $3C$, $5C$ の3個のコンデンサが直列に接続されている。各コンデンサの誘電体は同質で，かつ一定の厚さを有する。両端に電圧を印加し上昇させる場合，最初に破壊されるのはどのコンデンサか。

【8】　**図 13.30** に示す内外導体の半径がそれぞれ a, b, 長さ l の同軸ケーブルがある。

（1）　導体間に抵抗率 ρ の物質が満たされているとき，導体間の絶縁抵抗はいくらか。

（2）　内外導体間の静電容量が C，絶縁抵抗が R だった場合，比誘電率 ε，抵抗率 ρ はいくらか。

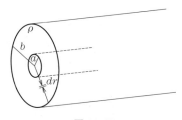

図 13.30

14

高電圧絶縁試験

　高電圧機器の絶縁物は，その使用環境の温度，湿度，機械的損傷，紫外線
や酸化による化学変化，コロナの発生などによって劣化する。絶縁物の劣化
の状態を正しく診断するためには，絶縁抵抗，絶縁耐力や誘電正接などの経
年変化特性をデータベース化しておかなければならない。本章では，絶縁特
性試験と絶縁耐力試験の代表的なものについて述べる。

14.1 高電圧絶縁試験の種類

　絶縁試験を大別すると**絶縁特性試験**（non-destructive insulation test）と**絶
縁耐力試験**（dielectric　strength　test）があり，それらの個々の試験は図
14.1 のように分類される。

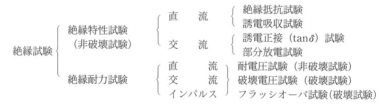

図 *14.1* 絶縁試験の分類

　ここでフラッシオーバ試験は，がいしなどのように気中で先に絶縁破壊して
しまうようなものに対して行われ，乾燥状態ばかりでなく注水しながら行う**人
工汚損試験**も行われている。

14.2 絶縁特性試験（非破壊試験）

14.2.1 直流高電圧試験

〔*1*〕 **吸収特性試験** 絶縁物に直流高電圧を印加すると，時間とともに減少する吸収電流と時間に無関係な漏れ電流を合わせたものが充電電流として流れる。この充電電流の時間特性を見れば，絶縁物が劣化したり吸湿したりすると漏れ電流が大きくなり，電流の減衰する度合いが小さくなるので，絶縁の良否の判定がある程度できる。

判定の目安として，次式で定義している**成極指数**（polarization index, PI）と**漏れ指数**（leakage index, LI）がある。

$$成極指数 \quad \mathrm{PI} = \frac{電圧印加 1 分後の電流}{電圧印加 10 分後の電流} \tag{14.1}$$

$$漏れ指数 \quad \mathrm{LI} = \frac{電圧印加 10 分後の電流}{放電開始 10 分後の電流} \tag{14.2}$$

ここで，放電開始後の電流とは印加電圧を取り除き電極間を短絡したとき，充電電流と逆向きに流れる電流をいう。判定例として，発電機コイルで PI ≧ 1.5，LI ≦ 30 を正常としている。

〔*2*〕 **絶縁抵抗試験** 絶縁抵抗は，その印加電圧と充電電流の比で求められるが，吸収電流の減衰に時間がかかるので，通常は電圧印加 1 分後または 10 分後の電流値から計算した絶縁抵抗 1 分値，または絶縁抵抗 10 分値と明記して用いる。

固体絶縁材料の絶縁抵抗（10^{12} Ω 程度まで）の測定には，**図 *14.2*** のような測定回路で**絶縁抵抗試験**（insulation resistance test）を行う。まず，$\mathrm{SW_1}$ を開き $\mathrm{SW_2}$ を接地側にして検流計の振れが零になるように万能分流器 S を調節する。つぎに $\mathrm{SW_2}$ を電源側に切り替えて検流計の針がある程度振れるように S を調整し，このときの倍率 n と検流計の振れ θ を読む。そして $\mathrm{SW_1}$ を閉じて同様に S を調整し，標準抵抗 R_0 に対する倍率 n_0 と検流計の振れ θ_0 によ

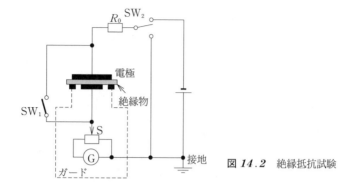

図 14.2 絶縁抵抗試験

り，絶縁抵抗は次式で求められる。(本章演習問題【2】)

$$R = R_0\left(\frac{n_0\theta_0}{n\theta} - 1\right) \tag{14.3}$$

電気機器の絶縁抵抗の測定には，内部に直流高電圧電源を備えた抵抗計（メガー）を用いた**メガーテスト**（megger test）が行われている。使用電圧は，500 V または 1 000 V が一般的である。電気機器の絶縁抵抗の標準的な許容値はつぎのような式を参考にしている。

$$絶縁抵抗\ R = \frac{定格電圧〔V〕}{定格出力〔kW または kV·A〕 + 1\ 000} 〔MΩ〕$$

$$\tag{14.4}$$

14.2.2 誘電正接試験

誘電正接は，すでに **8.3** 節で説明したとおり tan δ と呼ばれ，絶縁劣化したものや吸湿したものは正常値より大きくなる。tan δ の値が小さいものの測定には，**シェーリングブリッジ**（Schering bridge）が用いられ，大きなものには携帯用損失角計（tan δ 計）が用いられる。

図 14.3(*a*)にシェーリングブリッジの測定回路図を，図(*b*)に測定器の外観を示す。図において，C_1 が供試物，C_2 は標準コンデンサで誘電損がなく，キャパシタンスが一定である。L_5，C_5，R_5 からなる回路は，ワグナーの補償回路と呼ばれるもので，スイッチ S を切り換えて検流計 G の電位と遮へい電

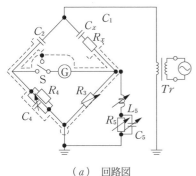
（*a*）　回路図

（*b*）　シェーリングブリッジ（右）と検流計

図 *14.3* シェーリングブリッジ

位とを等電位にするための接地平衡回路である。

供試物 C_1 が，R_x と C_x の等価直列インピーダンスと考えると，ブリッジの平衡条件から，次式が成立する（本章演習問題【3】，【4】）。

$$C_x = \frac{C_2 R_4}{R_3}, \quad R_x = \frac{C_4 R_3}{C_2} \tag{14.5}$$

$$\tan \delta = \omega C_x R_x = \omega C_4 R_4 \tag{14.6}$$

14.2.3 部分放電試験

部分放電は，絶縁物中にボイドや空隙部分あると，高電圧印加時にそこが著しい不平等電界となって部分放電が起こり，絶縁物の劣化や破壊につながる。この部分放電の検出と開始電圧を求めることを**部分放電試験**（partial discharge test）という。

部分放電の検出方法はいろいろあるが，部分放電が起こる際のパルス性電流を検出する方式が使われている。パルス性電流は，検出インピーダンスによって電圧に変換され，増幅器を通して表示回路に表される。この方法では，部分放電の検知ばかりでなく，放電電荷，発生頻度，部分放電のエネルギーを量的に知ることができる。**図 *14.4*** に部分放電測定回路を示す。

供試物をはさんだ電極間静電容量を C_a とすると，単一放電で移動する電荷 q は，放電時の電極間電圧変化分 ΔV と C_a の積で与えられる。C_a が放電す

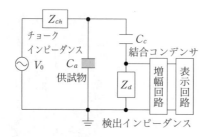

図 **14.4** 部分放電
測定回路

るときの印加電圧の瞬時値（交流では波高値）を V_s とすると，C_a，ΔV は測定ができるので，単一放電のエネルギーは次式で表せる。

$$W \approx \frac{1}{2}qV_s = \frac{1}{2}C_a\Delta V V_s \tag{14.7}$$

14.3 交流高電圧試験

14.3.1 試験条件と試験回路

交流高電圧試験をするうえで電気学会電気規格調査会が詳細な指針[†]を与えている。まず，被試験物の離隔距離を，そのフラッシオーバ電圧の 1.5 倍以上，例えば 1 MV の試験では交流で 7 m，インパルスで 3 m 以上としている。また，フラッシオーバ電圧は，大気状態に影響を受けるので標準大気状態を，温度 $t_0 = 20\,°C$，気圧 $p_0 = 1\,013\,hPa$，湿度 $h_0 = 11\,g/m^3$ と定めている。温度 t，気圧 p の大気状態での相対空気密度 δ については，**12.2.2** 項で説明しているのでここでは省く。

湿度も標準状態の $h_0 = 11\,g/m^3$ からずれてくると，フラッシオーバ電圧値に影響するので，湿度補正係数を用いて，式(**12.4**)の V に乗算して補正する。湿度の影響はインパルス電圧より交流電圧のほうが大きい。

図 14.5 に代表的な交流高電圧試験回路を示す。図(b)の両球絶縁回路は，実験が面倒なので現在はあまり用いられない。保護抵抗 R_1 の値は，1 V 当り 1 Ω 程度にする。R_2 は局部放電が生じたときの高周波振動電圧を抑制する無

[†] 標準規格（JEC）の定める JEC-0201 (1988) 交流電圧絶縁試験

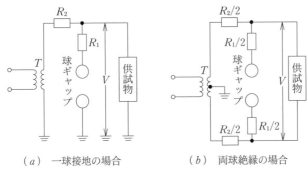

（*a*）　一球接地の場合　　　　　（*b*）　両球絶縁の場合

図 14.5　交流高電圧試験回路

誘導抵抗である。試験電圧は，ひずみ率が 10 ％以下の商用周波数で行う。最も一般的な電圧印加法は，一定の試験電圧をある時間印加する定印法である。電圧印加時の異常電圧の発生を防止するため，まず所定電圧の半分以下の電圧を加え，読める範囲でできるだけ速く上昇させ，所定電圧に到達後は，所定の時間連続に印加する。所定時間を過ぎたら急速に電圧を下降させる。このほか，低電圧から規定された電圧上昇率で破壊まで電圧を上昇させる上昇法，規定電圧を直接印加する突印法などがある。

14.3.2 交流絶縁耐力試験

〔**1**〕　**耐電圧試験**　　電気機器を使う前に絶縁の信頼性と機器の安全性を確認するために行うのが**耐電圧試験**（withstand voltage test）である。試験電圧や加圧時間は，標準規格あるいは標準仕様に従って行われる。工場試験では，定印法の線間電圧の 2 倍の電圧を 1 分間印加する交流 1 分間試験が古くから行われている。

〔**2**〕　**破壊電圧試験**　　**破壊電圧試験**（breakdown voltage test）は，被試験物の交流破壊電圧を求める試験で，上昇法または定印法がよく用いられる。この試験が，行われているのは絶縁材料に対する試験で，絶縁破壊の強さは，絶縁破壊電圧値と材料の厚さから〔kV/mm〕で表される。

〔**3**〕 **フラッシオーバ試験**　がいしやブッシングなどを気中で絶縁破壊試験を行う場合に，印加電圧の上昇の際に絶縁物の破壊より先に気中においてフラッシオーバを生じる。このときの印加電圧値をフラッシオーバ電圧値という。この**フラッシオーバ試験**（flashover test）においては，電極金具の形状，寸法および配置，接続線の位置などによってフラッシオーバ電圧値が影響を受けるので，注意を要する。試験法の詳細については，JIS C 3801「がいし試験法」などを参考にする。

14.4　雷インパルス電圧試験

14.4.1　雷インパルス絶縁耐力試験

〔**1**〕 **耐電圧試験**　雷インパルス電圧試験では，標準波形を定めて行っている。JEC -212 (1981)「インパルス電圧電流試験一般」および JEC-213 (1982)「インパルス電圧電流測定法」を参照して試験を行うことが望ましい。

雷インパルス耐電圧試験は，規定された標準波形のインパルス電圧を供試物に印加し，絶縁破壊を起こさないことを検証する。雷インパルス電圧の印加の回数は，供試物の種類によって定められている。また，印加電圧の波高値は，JEC-0102 (1994)「試験電圧標準」に定められている。

〔**2**〕 **フラッシオーバ試験**　雷インパルス電圧のフラッシオーバは，火花の遅れから同一大気状態であっても放電する場合と放電しない場合が生じる。このため，50％の確率で放電する電圧を便宜上使っている。この 50％フラッシオーバ電圧を求める方法は，放電率 20～80％の範囲で，印加電圧波高値が放電率とほぼ比例関係があることから 50％値を内挿する**補間法**（interpolation method）と供試物のフラッシオーバ率曲線が正規分布曲線であると仮定した**昇降法**†（up and down method）がある。後者の昇降法は，内挿法に比べ

---

†　1953 年，日立製作所の笈川俊雄氏によって考案された。

て少ない労力で，精度よく求められる測定法で海外でも広く用いられている。

14.4.2 V-t 曲線試験

図 14.6 に示すように規約原点を共通とする同一波形の波高値の異なるインパルス電圧を供試物に印加して，フラッシオーバしたときのさい断波形をオシログラフによって観測する。このとき，波高値の低い波形では，フラッシオーバの起こる時刻が波高点より遅れて，波尾のほうで破壊が起こる。電圧を上昇していくとフラッシオーバまでの時間は短かくなり，ついに波高点付近でフラッシオーバする。さらに電圧を上昇すれば，波頭部分においてフラッシオーバするようになる。

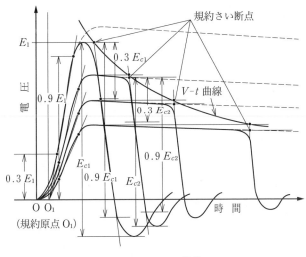

図 14.6 V-t 曲線

このような試験から，各さい断波形の波高値と規約さい断点までの時間の関係を表したものが**定波形電圧–時間曲線（V-t 曲線）**である。この V-t 曲線は，**10** 章で述べた送電系統の絶縁協調を検討する場合の重要な基礎データとなる。

ここで，V-t 曲線の具体的なプロット方法について述べる。同図において

各さい断波形のさい断点とさい断最降下点との差の，さい断点から30％と90％の値の点を直線で結び，さい断点を通り時間軸に平行な直線との交点をそれぞれの波形の規約さい断点として定める。つぎに波高点を通り時間軸に平行な直線と規約さい断点を通り電圧軸に平行な直線との交点をそれぞれのさい断波形について求めプロットすると V-t 曲線が描ける。ただし，波高点より前の波頭部分でフラッシオーバする場合には，規約さい断点の時間とさい断点の電圧を表す点をプロットする。

演　習　問　題

【1】　誘電正接の測定法について説明せよ。

【2】　式(14.3)を導出せよ。

【3】　シェーリングブリッジの平衡条件式(14.5)を導出せよ。

【4】　tan δ の関係式式(14.6)を導出せよ。

【5】　標準雷インパルス電圧波形の V-t 曲線を求める方法を説明せよ。

15

高 電 圧 応 用

　高電圧技術は，大電力の高電圧送電に伴って大きく発展してきた。送電系統におけるコロナ放電は，電力損失や絶縁を劣化させる不要なものであるが，コロナ放電によって生じる電荷を利用すれば，電子コピー機や電気集じん機などの利用価値の高いものになる。本章では，高電界，コロナの電荷，放電エネルギーなどの応用について述べる。

15.1 高電界の利用

15.1.1 粒 子 加 速 器

　粒子加速器（particle accelerator）は，荷電粒子に高電界をかけて加速して高速粒子をつくる装置である。その原理は，荷電粒子が電場の位置エネルギーを運動エネルギーに変えることである。粒子加速器は，素粒子の研究や，医薬用，工学においても材料の加工や高分子の架橋，半導体素子の製造など応用範囲はきわめて広い。粒子加速器には，直流電圧による静電加速器と高周波電界による線形加速器や円形加速器がある。高エネルギーを得るために，線形加速器では非常に長い加速距離が必要となるため，これを円軌道で加速するのが円形加速器である。

　ここでは，円形加速器の代表的な**サイクロトロン**（cyclotron）について説明する。サイクロトロンは，荷電粒子が磁場の中を運動するときローレンツ力が働いて円運動を行う性質を利用したもので，粒子の電荷，質量，速度，磁束密度をそれぞれ q, m, v, B とすると，円運動の半径 r は次式で与えられる。

$$r = \frac{mv}{qB} \qquad (15.1)$$

このときの，粒子の回転周期 T は次式で与えられる。

$$T = \frac{2\pi r}{v} = \frac{2\pi m}{qB} \qquad (15.2)$$

　高周波電圧の周波数をこれに合わせると，粒子は電極間を通るたびに加速され高エネルギー粒子となる。図 **15.1** にサイクロトロンの構造を示す。図のように，一様な磁場を発生させる電磁石と高真空箱の中の D 形をした加速電極ディーからなっている。陽子などの加速粒子は中心部のイオン源でつくり，加速してらせん状の円運動を行い，最高エネルギーになったところで外部へ粒子を放出する構造になっている。高エネルギーになると質量が増加して電界の周波数と回転周期がずれるため，加速には限界があり，粒子エネルギー数十MeV くらいのものまでがつくられた。

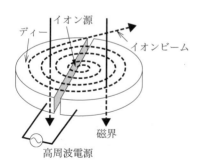

図 15.1 サイクロトロンの構造

図 15.2 東京大学原子核研究所 1.3 GeV シンクロトロン（1956〜1999 年）（高エネルギー加速器研究機構　提供）

　これに対して，加速粒子をイオン源からビームとして取り出し，線形加速器で加速した後，円形軌道に打ち込み，式(15.1)の粒子軌道半径 r が一定になるように，偏向電磁石の磁場の強さ B を粒子の速度 v に合わせて増加していくと高エネルギーの粒子が取り出せる。粒子軌道半径を一定にした加速器を**シンクロトロン**（synchrotron）と呼び，粒子エネルギー数十 GeV の加速器が作られている。図 **15.2** にシンクロトロンの外観を示す。

一方，電子の加速を行うものを**ベータトロン**（betatron）と呼んでいる。

15.1.2 走査形電子顕微鏡

走査形電子顕微鏡（scanning electron microscope）は，加速電子を試料に当ててそこから出る二次電子を観測するもので，分解能が高い。顕微鏡の分解能は，使用している電磁波の波長で決まり，光学顕微鏡では，可視光の波長が約 400〜800 nm であることから，μm オーダーまでの大きさのものしか観察できない。一方，電子顕微鏡は，電子線の波長は加速電圧によるが，100 kV で約 0.003 8 nm と波長が非常に小さいため分解能が高く，原子レベルまで観測可能な顕微鏡もある。

図 **15.3** に走査形電子顕微鏡の原理図を示す。走査形電子顕微鏡は，電子銃で発生した電子線を収束させて試料表面を走査し，電子線を照射された試料から発生する二次電子を検出し，増幅拡大させて CRT に映し出す。図 **15.4** に 30 kV 走査形電子顕微鏡の外観を示す。

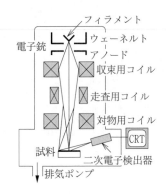

図 **15.3** 走査形電子顕微鏡の原理図　　図 **15.4** 30 kV 走査形電子顕微鏡

15.2 コロナ放電電荷の利用

15.2.1 電気集じん機

大気汚染防止のために，排煙中の灰粒子や塵芥のほとんどを効率よく捕集し

て除去できる装置に**電気集じん機**（electric precipitator）がある。電気集じん機は，1906年にアメリカのコットレル（F. G. Cottrell）が初めて工業的に実施したのでコットレル装置とも呼ばれ，セメントの焼成炉，金属の精錬炉や溶鉱炉，焼却炉，ボイラの排煙などの処理から空気清浄，空気無菌，原油中の乳状水分の脱水などに広く利用されている。

　集じんの原理は，電極間に排煙中の微粒子が通ると負イオンや電子を微粒子に付着して負に帯電させ，クーロン力によって正電極に吸引する簡単なものだが，ほとんどあらゆる種類の微粒子を高い集じん効率（90〜99％）で収集することができる。代表的な方式には，円筒形と平板形があり，円筒形では，排煙が垂直に流れ，平板形では水平に流れるため，排煙容量の大きなものは平板形が用いられる。図**15.5**に平板形電気集じん機の構造図を示す。また，図**15.6**に，火力発電所で使用されている平板形電気集じん機の外観を示す。

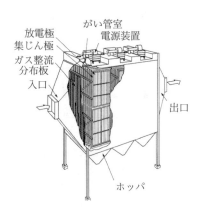

図**15.5**　平板形電気集じん機の構造

図**15.6**　火力発電所の平板形電気集じん機外観（中国電力三隅火力発電所）

　電気集じん機では，広範囲にコロナ放電を起こさせるためにピアノ線などの線状電極を用い，できるだけ強い電界を利用するために印加電圧の大きい負コロナを利用している。よって電極には40〜60kVの負の電圧を印加する。最近の電気集じん機は，電極の印加電圧をパルス状にして通電時間を小さくする省エネルギータイプの間欠荷電方式が採用されている。

15.2.2 電子コピー機

静電気を使った複写技術は，**静電印刷法**（xerography）と呼ばれ，1938 年にアメリカのチェスター・カールソン（C. F. Carlson）によって開発された。その原理を以下の五つの点から説明する。

1）　帯電　　マスターと呼ばれる光導電性材料を塗布した金属板の上を＋6 kV くらいの電圧を印加した細導線を移動して，正のコロナ放電により表面に一様に正電荷を付着させる。

2）　露光　　マスターにレンズを通して原稿の像を投影して，光の当たらなかった部分に正電荷をそのまま残す。

3）　現像　　マスターの上にできた正電荷の像の上に，あらかじめ負に帯電させた特殊な樹脂質の粉末（トナー）をふりかけると正電荷の部分だけ付着する。

4）　転写　　この状態のマスターの上に白紙を重ねて，再度コロナ放電電極の下を通すと，トナーは正電荷に吸引されて紙に移って像をつくる。

5）　定着　　このトナーに熱を加えて紙に融着すると原稿が紙にコピーされたことになる。

図 **15.7** に電子コピー機の基本構造を示す。

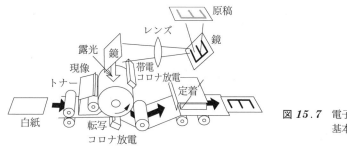

図 15.7 電子コピー機の基本構造

カールソンの特許権をハロイド（Haloid）社が買い取り，1950 年に製品化を行った。このときの製品ゼロックス（Xerox）は，感光板としてアルミニウム板に非晶質セレンを真空蒸着させた画期的ものであった。その後ハロイド社

はゼロックスと社名を変更し，電子コピー機を発展させてきた。1970年に特許が公開になってからは，多くの日本企業が改良を重ね今日のコピー社会になっている。

15.2.3 静 電 塗 装

電気集じん機と同じ原理で，負極コロナ放電により霧状塗料粒子を負に帯電させて，正極の被塗装物に効率よく塗料を吸着させる方法である。従来の吹付塗装法に比べると，塗着効率がよいというメリットから金属製品の多量生産方式に広く採用されている。塗料粒子の大きさは，$10\sim40\,\mu m$ がよいとされてい

コーヒーブレイク

高電圧のおもしろい応用

・インパルス放電で殺菌

養豚場などの衛生処理に，インパルス放電で殺菌をする試みがなされている。消毒薬などのような環境問題もないし，一瞬の放電エネルギーですむため加熱殺菌のように大きなエネルギーを必要としないので経済的である。原理的には，菌細胞を放電による高エネルギー電子が破壊することによる。もちろん豚のいないところでインパルス放電を行う。

インパルス放電殺菌

・高電圧で消霧

コロナ放電を利用して霧を消す研究がなされている。原理的には，電気集じん機と同じで，負極コロナ放電により放出された電子や負イオンが霧粒子に付着して，他の霧粒子と電気的に吸着を繰り返し水滴になったり，接地物に吸着して霧が消えると考えられる。本手法を使うと，実験室段階だが，自然消霧に比べて数倍の効果があるとの報告がある。

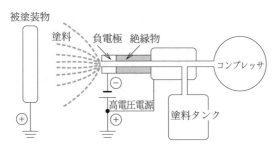

図 15.8 圧縮空気式スプレーの原理図

て，圧縮空気式スプレーや遠心力式スプレーが用いられている。**図 15.8** に圧縮空気式スプレーの原理図を示す。

15.3 放 電 の 応 用

15.3.1 オ ゾ ナ イ ザ

オゾン（ozone）は，化学式 O_3 の独特の臭いをもつ無色（濃度によっては薄青色）の気体で，融点，沸点はそれぞれ $-193\,℃$，$-112\,℃$ である。自然界では，地球上 $15〜35\,km$ のところにオゾン層を形成して，強い紫外線を和らげる働きをしている。

一方，その強い酸化力によって，殺菌効果，脱臭効果，漂白効果などの有用性のため人工的に生成して広く使用されている。オゾンの生成法は，1857 年ドイツのジーメンス（E. W. von Siemens）の発明による放電を利用する方法が今日でも主流である。

〔**1**〕　**無声放電方式**　　**図 15.9** に無声放電方式の原理を示す。平行平板あるいは同心円筒状に配置された電極内側の一方もしくは両方にガラスなどの固体誘電体を接触させ，その内側に空気の通路を設けた構造になっている。電極間に $50\,Hz〜10\,kHz$，$6〜20\,kV$ の交流高電圧を印加すると，固体誘電体が火花放電への転移を抑制し，ギャップ内に一様な無声放電が広い範囲に起こり，その空間に乾燥した空気を通すと，つぎの反応式によりオゾンが発生する。

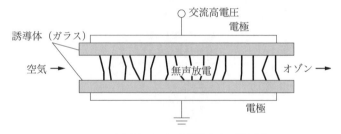

図 15.9 無声放電方式の原理図

$$O_2 + e \longrightarrow 2O + e \qquad\qquad (15.3)$$

$$O + O_2 + M \longrightarrow O_3 + M \qquad\qquad (15.4)$$

ここで，M は気体分子を表す。式(15.3)は，放電によって発生した電子と酸素の衝突によって酸素分子が原子に解離し，つぎに式(15.4)により酸素原子と酸素分子とその他の気体分子 M の衝突からオゾンが形成される。

〔**2**〕　**沿面放電方式**　図 **15.10** に沿面放電方式の原理を示す。平行平板電極の表面をセラミックスなどの誘電体で覆い，その誘電体の表面に複数の線状電極を配置して電極間に交流高電圧を印加すると，線状電極と誘電体表面に残留した電荷との間に沿面放電が生じ，広い範囲で安定した放電を起こすことができる。生成の反応式は式(15.3)，(15.4)と同様である。

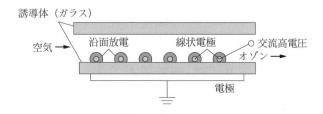

図 15.10　沿面放電方式の原理図

15.3.2　気 体 レ ー ザ

　ある励起原子が基底状態に遷移するとき，エネルギーを放出する。このとき，ある周波数の光が入射してくると，この光はエネルギーを得て増幅されて放出される。これを誘導放出と呼び，これを繰り返すことによって，方向と波

長のそろった強い光をつくり出すことができる。これを**レーザ**（light amplification by stimulated emission of radiation, LASER）と呼んでいる。

　1960 年にアメリカのメーマン（T. H. Maiman）が人造ルビーにキセノンフラッシュランプの強い光を当てて，初めてレーザの発振に成功した。レーザには固体レーザ，気体レーザ，半導体レーザなどの種類があるが，ここではガス中の放電により励起原子を刺激し，つぎつぎに新しい光を放出させ増幅していく気体レーザについて述べる。おもなものは，希ガスを使った He-Ne レーザ，Ar レーザ，炭酸ガスレーザなどがある。

　図 **15.11** に He-Ne レーザの原理図を示す。2 枚の平行な鏡ではさまれたガラスの放電管に低気圧のガスを封じ込め，ガス中で放電させることにより光増幅を起こしてレーザ発振するものである。また，表 **15.1** に気体レーザの特性と用途を示す。

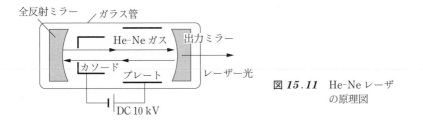

図 **15.11**　He-Ne レーザの原理図

表 **15.1**　気体レーザの特性と用途

ガス種類	波長〔μm〕	最大出力〔W/J〕	最大効率〔%〕	用途例
He-Ne	0.63	1 mW	1	ディスプレイ，計測など
Ar	0.51	25 W	0.1	穴あけ，計測
エキシマ*	0.15〜0.35	900 mJ	15	科学，医学，加工，その他多数
CO_2	10.6	10 W〜40 kW	20	穴あけ，切断，溶接，熱処理

＊エキシマレーザは，高出力の紫外線レーザである

演 習 問 題

【1】 シンクロトロンがサイクロトロンに比べて高エネルギー粒子が得られる理由を説明せよ。

【2】 図 **15.12** を参考に式(15.1)，(15.2)を導出せよ。

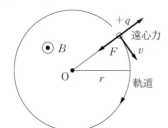

図 **15.12** 荷電粒子の
円運動

【3】 【2】において，電子が一様な磁界の中を走るとき，円運動の半径を求めよ。ただし，$B = 0.4$ T，$v = 10^7$ m/s，電子の電荷 e と m の比は，$e/m = 1.76 \times 10^{11}$ C/kg である。

【4】 良導体と不良導体の粉砕粒子がある。コロナ放電を利用して良導体と不良導体を選別する方法を考えよ。これを静電選別（electrostatic separation）という。

【5】 オゾナイザに使われる無声放電，沿面放電について説明せよ。

付　　　　録

付表 1　物理定数

項目	記号	定数	単位
アボガドロ数	N	6.023×10^{23}	〔分子数/mol〕
気体定数	R	0.082	〔$l\cdot$atm/(K·mol)〕
		8.31	〔J/(K·mol)〕
ボルツマン定数	k	1.38×10^{-23}	〔J/K〕
プランク定数	h	6.626×10^{-34}	〔J·s〕
真空中の誘電率	ε_0	8.854×10^{-12}	〔F/m〕
電子の電荷	e	1.602×10^{-19}	〔C〕
電子の質量	m_e	9.11×10^{-31}	〔kg〕

* 気圧の単位
　1 〔atm〕＝760 〔mmHg〕＝760 〔Torr〕＝1 013 〔hPa〕
　＝1 013 〔mbar〕
* エネルギーの単位
　1 〔eV〕＝1.602×10^{-19} 〔C〕×1 〔V〕＝1.602×10^{-19} 〔J〕
　$eV = kT$　より　T 〔K〕＝eV/k
　∴　1 〔eV〕＝1.602×10^{-19} 〔J〕/1.38×10^{-23} 〔J/K〕＝11 604 〔K〕
* 質量数 N の原子の質量 M
　$M = N \times 1\,840 \times m_e$

付表 2　単位の倍数

倍数	接頭語	記号	倍数	接頭語	記号
10^{24}	yotta	Y	10^{-1}	deci	d
10^{21}	zetta	Z	10^{-2}	centi	c
10^{18}	exa	E	10^{-3}	milli	m
10^{15}	peta	P	10^{-6}	micro	μ
10^{12}	tera	T	10^{-9}	nano	n
10^{9}	giga	G	10^{-12}	pico	p
10^{6}	mega	M	10^{-15}	femto	f
10^{3}	kilo	k	10^{-18}	atto	a
10^{2}	hector	h	10^{-21}	zepto	z
10	deca	da	10^{-24}	yocto	y

付表 3　電圧区分（電気設備技術基準）

電圧の種類	交流	直流
低圧 （LV）	600 V 以下	750 V 以下
高圧 （HV）	600 V を超え 7 kV 以下	750 V を超え 7 kV 以下
特別高圧 （SHV）	7 kV を超えるもの	
超高圧 （EHV）（通称）	187 kV 以上 500 kV 以下	
超超高圧 （UHV）（通称）	500 kV を超えるもの	

付表 *4*　球ギャップの交流フラッシオーバ電圧

1 球接地　　　　気圧 1 013 hPa，気温 20℃　　　　　単位：kV（波高値）　　　（JEC-0201-1988）

球直径 (cm) ＼ ギャップ長 (cm)	2	5	6.25	10	12.5	15	25	50	75	100	150	200
0.05	2.8											
0.10	4.7											
0.15	6.4											
0.20	8.0	8.0										
0.25	9.6	9.6										
0.30	11.2	11.2										
0.40	14.4	14.3	14.2									
0.50	17.4	17.4	17.2	16.8	16.8	16.8						
0.60	20.4	20.4	20.2	19.9	19.9	19.9						
0.70	23.2	23.4	23.2	23.0	23.0	23.0						
0.80	25.8	26.3	26.2	26.0	26.0	26.0						
0.90	28.3	29.2	29.1	28.9	28.9	28.9						
1.0	30.7	32.0	31.9	31.7	31.7	31.7	31.7					
1.2	(35.1)	37.6	37.5	37.4	37.4	37.4	37.4					
1.4	(38.5)	42.9	42.9	42.9	42.9	42.9	42.9					
1.5	(40.0)	45.5	45.5	45.5	45.5	45.5	45.5					
1.6		48.1	48.1	48.1	48.1	48.1	48.1					
1.8		53.0	53.5	53.5	53.5	53.5	53.5					
2.0		57.5	58.5	59.0	59.0	59.0	59.0	59.0	59.0			
2.2		61.5	63.0	64.5	64.5	64.5	64.5	64.5	64.5			
2.4		65.5	67.5	69.5	70.0	70.0	70.0	70.0	70.0			
2.6		(69.0)	72.0	74.5	75.0	75.5	75.5	75.5	75.5			
2.8		(72.5)	76.0	79.5	80.0	80.5	81.0	81.0	81.0			
3.0		(75.5)	79.5	84.0	85.0	85.5	86.0	86.0	86.0	86.0		
3.5		(82.5)	(87.5)	95.0	97.0	98.0	99.0	99.0	99.0	99.0		
4.0		(88.5)	(95.0)	105	108	110	112	112	112	112		
4.5			(101)	115	119	122	125	125	125	125		
5.0			(107)	123	129	133	137	138	138	138	138	
5.5				(131)	138	143	149	151	151	151	151	
6.0				(138)	146	152	161	164	164	164	164	
6.5				(144)	(154)	161	173	177	177	177	177	
7.0				(150)	(161)	169	184	189	190	190	190	
7.5				(155)	(168)	177	195	202	203	203	203	
8.0					(174)	(185)	206	214	215	215	215	

＊（　）はギャップ長が球直径の 1/2 以上の場合で測定精度が落ちる。

付表4 （つづき）

1球接地　　気圧1013hPa, 気温20°C　　　単位：kV （波高値）　　（JEC-0201-1988）

ギャップ長(cm) ＼ 球直径(cm)	2	5	6.25	10	12.5	15	25	50	75	100	150	200
9.0					(185)	(198)	226	239	240	241	241	
10					(195)	(209)	244	263	265	266	266	266
11						(219)	261	286	290	292	292	292
12						(229)	275	309	315	318	318	318
13							(289)	331	339	342	342	342
14							(302)	353	363	366	366	366
15							(314)	373	387	390	390	390
16							(326)	392	410	414	414	414
17							(337)	411	432	438	438	438
18							(347)	429	453	462	462	462
19							(357)	445	473	486	486	486
20							(366)	460	492	510	510	510
22								489	530	555	560	560
24								515	565	595	610	610
26								(540)	600	635	655	660
28								(565)	635	675	700	705
30								(585)	665	710	745	750
32								(605)	695	745	790	795
34								(625)	725	780	835	840
36								(640)	750	815	875	885
38								(655)	(775)	845	915	930
40								(670)	(800)	875	955	975
45									(850)	945	1050	1080
50									(895)	1010	1130	1180
55									(935)	(1060)	1210	1260
60									(970)	(1110)	1280	1340
65										(1160)	1340	1410
70										(1200)	1390	1480
75										(1230)	1440	1540
80											(1490)	1600
85											(1540)	1660
90											(1580)	1720
100											(1660)	1840
110											(1730)	(1940)
120											(1800)	(2020)
130												(2100)
140												(2180)
150												(2250)

付表 5　標準球ギャップの 50 ％フラッシオーバ電圧

（一球接地，高圧側正極性＋，負極性－）

1 球接地　　　　気圧 1 013 hPa，気温 20℃　　　単位：kV（波高値）　　　（JEC-213-1982）

球直径〔cm〕 ギャップ長〔cm〕	2 +	2 −	5 +	5 −	6.25 +	6.25 −	10 +	10 −	12.5 +	12.5 −	15 +	15 −
0.05		2.8										
0.10		4.7										
0.15		6.4										
0.20		8.0		8.0								
0.25		9.6		9.6								
0.30	11.2	11.2	11.2	11.2								
0.40	14.4	14.4	14.3	14.3	14.2	14.2						
0.50	17.4	17.4	17.4	17.4	17.2	17.2	16.8	16.8	16.8	16.8	16.8	16.8
0.60	20.4	20.4	20.4	20.4	20.2	20.2	19.9	19.9	19.9	19.9	19.9	19.9
0.70	23.2	23.2	23.4	23.4	23.2	23.2	23.0	23.0	23.0	23.0	23.0	23.0
0.80	25.8	25.8	26.3	26.3	26.2	26.2	26.0	26.0	26.0	26.0	26.0	26.0
0.90	28.3	28.3	29.2	29.2	29.1	29.1	28.9	28.9	28.9	28.9	28.9	28.9
1.0	30.7	30.7	32.0	32.0	31.9	31.9	31.7	31.7	31.7	31.7	31.7	31.7
1.2	(35.1)	(35.1)	37.8	37.6	37.6	37.5	37.4	37.4	37.4	37.4	37.4	37.4
1.4	(38.5)	(38.5)	43.3	42.9	43.2	42.9	42.9	42.9	42.9	42.9	42.9	42.9
1.5	(40.0)	(40.0)	46.2	45.5	45.9	45.5	45.5	45.5	45.5	45.5	45.5	45.5
1.6			49.0	48.1	48.6	48.1	48.1	48.1	48.1	48.1	48.1	48.1
1.8			54.5	53.0	54.0	53.5	53.5	53.5	53.5	53.5	53.5	53.5
2.0			59.5	57.5	59.0	58.5	59.0	59.0	59.0	59.0	59.0	59.0
2.2			64.0	61.5	64.0	63.0	64.5	64.5	64.5	64.5	64.5	64.5
2.4			69.0	65.5	69.0	67.5	70.0	69.5	70.0	70.0	70.0	70.0
2.6			(73.0)	(69.0)	73.5	72.0	75.5	74.5	75.5	75.0	75.5	75.5
2.8			(77.0)	(72.5)	78.0	76.0	80.5	79.5	80.5	80.0	80.5	80.5
3.0			(81.0)	(75.5)	82.0	79.5	85.5	84.0	85.5	85.0	85.5	85.5
3.5			(90.0)	(82.5)	(91.5)	(87.5)	97.5	95.0	98.0	97.0	98.5	98.0
4.0			(97.5)	(88.5)	(101.0)	(95.0)	109.0	105.0	110.0	108.0	111.0	110.0
4.5					(108.0)	(101.0)	120.0	115.0	122.0	119.0	124.0	122.0
5.0					(115.0)	(107.0)	130.0	123.0	134.0	129.0	136.0	133.0
5.5							(139.0)	(131.0)	145.0	138.0	147.0	143.0
6.0							(148.0)	(138.0)	155.0	146.0	158.0	152.0
6.5							(156.0)	(144.0)	(164.0)	(154.0)	168.0	161.0
7.0							(163.0)	(150.0)	(173.0)	(161.0)	178.0	169.0
7.5							(170.0)	(155.0)	(181.0)	(168.0)	187.0	177.0
8.0									(189.0)	(174.0)	(196.0)	(185.0)
9.0									(203.0)	(185.0)	(212.0)	(198.0)
10									(215.0)	(195.0)	(226.0)	(209.0)
11											(238.0)	(219.0)
12											(249.0)	(229.0)
13												
14												

＊（　）はギャップ長が球直径の 1/2 以上の場合で測定精度が落ちる。

付表 5 （つづき）

球直径 [cm] ギャップ長 [cm]	25 +	25 −	50 +	50 −	75 +	75 −	100 +	100 −	150 +	150 −	200 +	200 −
1	31.7	31.7										
1.2	37.4	37.4										
1.4	42.9	42.9										
1.5	45.5	45.5										
1.6	48.1	48.1										
1.8	53.5	53.5										
2	59.0	59.0	59.0	59.0	59.0	59.0						
2.2	64.5	64.5	64.5	64.5	64.5	64.5						
2.4	70.0	70.0	70.0	70.0	70.0	70.0						
2.6	75.5	75.5	75.5	75.5	75.5	75.5						
2.8	81.0	81.0	81.0	81.0	81.0	81.0						
3	86.0	86.0	86.0	86.0	86.0	86.0	86.0	86.0				
3.5	99.0	99.0	99.0	99.0	99.0	99.0	99.0	99.0				
4	112.0	112.0	112.0	112.0	112.0	112.0	112.0	112.0				
4.5	125.0	125.0	125.0	125.0	125.0	125.0	125.0	125.0				
5	138.0	137.0	138.0	138.0	138.0	138.0	138.0	138.0	138.0	138.0		
5.5	151.0	149.0	151.0	151.0	151.0	151.0	151.0	151.0	151.0	151.0		
6	163.0	161.0	164.0	164.0	164.0	164.0	164.0	164.0	164.0	164.0		
6.5	175.0	173.0	177.0	177.0	177.0	177.0	177.0	177.0	177.0	177.0		
7	187.0	184.0	189.0	189.0	190.0	190.0	190.0	190.0	190.0	190.0		
7.5	199.0	195.0	202.0	202.0	203.0	203.0	203.0	203.0	203.0	203.0		
8	211.0	206.0	214.0	214.0	215.0	215.0	215.0	215.0	215.0	215.0		
9	233.0	226.0	239.0	239.0	240.0	240.0	241.0	241.0	241.0	241.0		
10	254.0	244.0	263.0	263.0	265.0	265.0	266.0	266.0	266.0	266.0	266.0	266.0
11	273.0	261.0	287.0	286.0	290.0	290.0	292.0	292.0	292.0	292.0	292.0	292.0
12	291.0	275.0	311.0	309.0	315.0	315.0	318.0	318.0	318.0	318.0	318.0	318.0
13	(308.0)	(289.0)	334.0	331.0	339.0	339.0	342.0	342.0	342.0	342.0	342.0	342.0
14	(323.0)	(302.0)	357.0	353.0	363.0	363.0	366.0	366.0	366.0	366.0	366.0	366.0
15	(337.0)	(314.0)	380.0	373.0	387.0	387.0	390.0	390.0	390.0	390.0	390.0	390.0
16	(350.0)	(326.0)	402.0	392.0	411.0	410.0	414.0	414.0	414.0	414.0	414.0	414.0
17	(362.0)	(337.0)	422.0	411.0	435.0	432.0	438.0	438.0	438.0	438.0	438.0	438.0
18	(374.0)	(347.0)	442.0	429.0	458.0	453.0	462.0	462.0	462.0	462.0	462.0	462.0
19	(385.0)	(357.0)	461.0	445.0	482.0	473.0	486.0	486.0	486.0	486.0	486.0	486.0
20	(395.0)	(366.0)	480.0	460.0	505.0	492.0	510.0	510.0	510.0	510.0	510.0	510.0
22			510.0	489.0	545.0	530.0	555.0	555.0	560.0	560.0	560.0	560.0
24			540.0	515.0	585.0	565.0	600.0	595.0	610.0	610.0	610.0	610.0
26			(570.0)	(540.0)	620.0	600.0	645.0	635.0	655.0	655.0	660.0	660.0
28			(595.0)	(565.0)	660.0	635.0	685.0	675.0	700.0	700.0	705.0	705.0
30			(620.0)	(585.0)	695.0	665.0	725.0	710.0	745.0	745.0	750.0	750.0
32			(640.0)	(605.0)	725.0	695.0	760.0	745.0	790.0	790.0	795.0	795.0
34			(660.0)	(625.0)	755.0	725.0	795.0	780.0	835.0	835.0	840.0	840.0
36			(680.0)	(640.0)	785.0	750.0	830.0	815.0	880.0	880.0	885.0	885.0
38			(700.0)	(655.0)	(810.0)	(775.0)	865.0	845.0	925.0	915.0	935.0	930.0
40			(715.0)	(670.0)	(835.0)	(800.0)	900.0	875.0	965.0	955.0	980.0	975.0
45					(890.0)	(850.0)	980.0	945.0	1060.0	1050.0	1080.0	1080.0
50					(940.0)	(895.0)	1040.0	1010.0	1150.0	1130.0	1190.0	1180.0
55					(985.0)	(935.0)	(1100.0)	(1060.0)	1240.0	1210.0	1290.0	1260.0
60					(1020.0)	(970.0)	(1150.0)	(1110.0)	1310.0	1280.0	1340.0	1340.0
65							(1200.0)	(1160.0)	1380.0	1340.0	1470.0	1410.0
70							(1240.0)	(1200.0)	1430.0	1390.0	1550.0	1480.0
75							(1280.0)	(1230.0)	1480.0	1440.0	1620.0	1540.0
80									(1530.0)	(1490.0)	1690.0	1600.0
85									(1580.0)	(1540.0)	1760.0	1660.0
90									(1630.0)	(1580.0)	1820.0	1720.0
100									(1720.0)	(1660.0)	1930.0	1840.0
110									(1790.0)	(1730.0)	(2030.0)	(1940.0)
120									(1860.0)	(1800.0)	(2120.0)	(2020.0)
130											(2200.0)	(2100.0)
140											(2280.0)	(2180.0)
150											(2350.0)	(2250.0)

引用・参考文献

1章

1) 速水敏幸：謎だらけ・雷の科学，講談社（1996）
2) 音羽電機工業株式会社：OTOWA雷写真コンテスト，於．群馬県大泉町（1997）
3) 江間　敏，甲斐隆章：電力工学，コロナ社（2003）
4) 関根泰次：送配電工学，オーム社（1999）
5) 高圧・特別高圧電気取扱者安全必携　特別教育用テキスト，中央労働災害防止協会（2003）

2章

1) 金田輝男：気体エレクトロニクス，コロナ社（2003）
2) 山本賢三，長谷部堅陸：電子管工学Ⅲ，コロナ社（1978）
3) 電気学会編：電離気体論，電気学会（1977）
4) 大重　力，原　雅則：高電圧現象，森北出版（1974）
5) 電気学会編：放電ハンドブック　上巻，オーム社（1998）

3章

1) 電気学会編：放電ハンドブック　上巻，オーム社（1998）
2) 岡村総吾編：電子管工学，オーム社（1976）
3) 電気学会編：電離気体論，電気学会（1977）
4) 山本賢三，長谷部堅陸：電子管工学Ⅲ，コロナ社（1978）
5) 相川孝作：電子現象，朝倉書店（1972）
6) 金田輝男：気体エレクトロニクス，コロナ社（2003）
7) 大重　力，原　雅則：高電圧現象，森北出版（1974）

4章

1) 鳳誠三郎，木原登喜夫：高電圧工学，共立出版（1978）
2) 電気学会編：電離気体論，電気学会（1977）
3) 今西周蔵，鷲見　篤，京兼　純：改訂 高電圧工学，コロナ社（1984）
4) 電気学会編：放電ハンドブック　上巻，オーム社（1998）

5）　大重　力，原　雅則：高電圧現象，森北出版（1974）

5章

1）　山本賢三，長谷部堅陸：電子管工学III，コロナ社（1978）
2）　電気学会編：放電ハンドブック　上巻，オーム社（1998）
3）　電気学会編：電離気体論，電気学会（1977）
4）　鳳誠三郎，木原登喜夫：高電圧工学，共立出版（1978）
5）　金田輝男：気体エレクトロニクス，コロナ社（2003）

6章

1）　提井信力：プラズマ基礎工学，内田老鶴圃（1986）
2）　電気学会編：放電ハンドブック　上巻，オーム社（1998）

7章

1）　大重　力，原　雅則：高電圧現象，森北出版（1994）
2）　小崎正光編著：高電圧・絶縁工学，オーム社（2000）
3）　今西周蔵，鷲見　篤，京兼　純：改訂　高電圧工学，コロナ社（1984）
4）　河野照哉：新版　高電圧工学，朝倉書店（1995）
5）　家田正之編著：現代高電圧工学，オーム社（1981）
6）　電気学会編：放電ハンドブック　下巻，オーム社（1998）
7）　Journal of plasma and Fusion Research, **72**, No.12 (1996)

8章

1）　家田正之編著：現代高電圧工学，オーム社（1981）
2）　小崎正光編著：高電圧・絶縁工学，オーム社（2000）
3）　犬石嘉雄，中島達二，川辺和夫，家田正之：誘電体現象論，オーム社（1973）
4）　河野照哉：新版　高電圧工学，朝倉書店（1995）
5）　今西周蔵，鷲見　篤，京兼　純：改訂　高電圧工学，コロナ社（1984）
6）　電気学会編：放電ハンドブック　下巻，オーム社（1998）

9章

1）　家田正之編著：現代高電圧工学，オーム社（1981）
2）　犬石嘉雄，中島達二，川辺和夫，家田正之：誘電体現象論，オーム社（1973）
3）　河野照哉：新版　高電圧工学：朝倉書店（1995）

4） 小崎正光編著：高電圧・絶縁工学，オーム社 (2000)

5） 今西周蔵，鷲見 篤，京兼 純：改訂 高電圧工学，コロナ社 (1984)

6） F. H. Kruger：Industrial High Voltage, Delft University Press (1991)

10章

1） 中田高義，高橋則雄：電気工学の有限要素法，森北出版 (1986)

2） 升谷孝也，中田順治：高電圧工学，コロナ社 (1980)

3） 村島定行：代用電荷法とその応用，森北出版 (1983)

4） 鶴見，河野，山本，河村：高電圧工学，オーム社 (1981)

5） 電気工学ハンドブック改訂委員会：電気工学ハンドブック，電気学会 (2001)

6） 電気書院編集部：電験ハンドブック，電気書院 (1968)

7） 河野照哉：新版 高電圧工学，朝倉書店 (1995)

11章

1） 原 雅則，秋山秀典：高電圧パルスパワー工学，森北出版 (1997)

2） 河野照哉：新版 高電圧工学，朝倉書店 (1995)

3） 家田正之編著：現代高電圧工学，オーム社 (1981)

4） 小崎正光編著：高電圧・絶縁工学，オーム社 (2000)

5） 今西周蔵，鷲見 篤，京兼 純：改訂 高電圧工学，コロナ社 (1984)

12章

1） 今西周蔵，鷲見 篤，京兼 純：改訂 高電圧工学，コロナ社 (1984)

2） 大重 力，原雅 則：高電圧現象，森北出版 (1974)

3） 鳳誠三郎，木原登喜夫：高電圧工学，共立出版 (1978)

4） 電気学会編：放電ハンドブック 上巻，オーム社 (1998)

5） 電気学会編：放電ハンドブック 下巻，オーム社 (1998)

6） パルス電子技術株式会社より資料提供

7） 株式会社トーヘンより資料提供

8） 空間電荷測定装置について松江高専福間研究室より資料提供

9） 高田達雄，森 琢磨，岩田知之，藤富寿之，小野泰貴，三宅弘晃，田中康寛：
電流積分電荷法による絶縁劣化診断法の提案，電気学会誘電絶縁材料/電線・
ケーブル合同研究会，DEI-16-058, EW-16-013, pp.1-8 (2016)

13章

1) 今西周蔵, 鷲見　篤, 京兼　純：改訂 高電圧工学, コロナ社 (1984)

2) 江間　敏, 甲斐隆章：電力工学, コロナ社 (2003)

3) 鳳誠三郎, 木原登喜夫：高電圧工学, 共立出版 (1960)

4) 藤本良二：高電圧工学演習, 学献社 (1968)

5) 岸　敬二：高電圧技術, コロナ社 (1999)

6) 河野照哉：新版 高電圧工学：朝倉書店 (1995)

7) 電気学会：懸垂がいし及び耐塩用懸垂がいし, 電気規格調査会標準規格 JEC -206 (1979)

8) 電気学会：酸化亜鉛形避雷器, 電気規格調査会標準規格 JEC-217 (1984)

9) 鶴見, 河野, 山本, 河村：高電圧工学, オーム社 (1981)

10) 奥村　元他：次世代パワー半導体省エネルギー社会に向けたデバイス開発の最前線, エヌ・ティー・エス (2009)

14章

1) 鳳誠三郎, 木原登喜夫：高電圧工学, 共立出版 (1960)

2) 赤崎正則：基礎高電圧工学, 昭晃堂 (1978)

3) 金井　寛, 斉藤正男：電磁気測定の基礎, 昭晃堂 (1973)

4) 西野　治：電磁気計測, 電気学会 (1975)

5) E.キュッフル・M.アブドラ著, 松本　崇, 岡部昭三訳：高電圧工学, 東海大学出版会 (1972)

6) 河野照哉：新版 高電圧工学：朝倉書店 (1995)

7) 鶴見, 河野, 山本, 河村：高電圧工学, オーム社 (1981)

8) 大重　力, 原　雅則：高電圧現象, 森北出版 (1994)

9) 宅間　薫, 柳父　悟：高電圧大電流工学, 電気学会 (1988)

10) 鳥山四男, 堺　孝夫, 室岡義広：高電圧工学, コロナ社 (1968)

11) 電気学会：試験電圧標準, 電気規格調査会標準規格 JEC-0102 (1994)

12) 電気学会：酸化亜鉛形避雷器, 電気規格調査会標準規格 JEC-217 (1984)

13) 電気学会：インパルス電圧電流測定法, 電気規格調査会標準規格 JEC-213 (1982)

14) 電気学会：交流電圧絶縁試験, 電気規格調査会標準規格 JEC-0201 (1988)

15) 宅間　董：電界パノラマ, オーム社 (2003)

16) 升谷孝也, 中田順治：高電圧工学, コロナ社 (1980)

15章

1）鳳誠三郎，木原登喜夫：高電圧工学，共立出版（1960）

2）秋山秀典編著：高電圧パルスパワー工学，オーム社（2003）

3）赤崎正則：基礎高電圧工学，昭晃堂（1978）

4）小崎正光編著：高電圧・絶縁工学，オーム社（2000）

演習問題解答

1章

【1】 *1.2* 節参照。

【2】 数 ms〜数 s 程度の停電を示す。

【3】 平等電界では約 3 万 V/cm，不平等電界では 0.5 万 V/cm

2章

【1】 実効速度 $\sqrt{\langle v^2 \rangle} = \sqrt{\dfrac{3kT}{m}} = \sqrt{\dfrac{3 \times 1.38 \times 10^{-23} \times 300}{6.64 \times 10^{-26}}} = 432.7 \,[\text{m/s}]$

平均速度 $\langle v \rangle = \sqrt{\dfrac{8kT}{\pi m}} = 399.0 \,[\text{m/s}]$

【2】 $\lambda_g = \dfrac{8.1 \times 10^{-3}}{760} = 1.07 \times 10^{-5} \,[\text{cm}]$

$\therefore \quad \lambda_e = 4\sqrt{2} \times \lambda_g = 6.03 \times 10^{-5} \,[\text{cm}]$

【3】 $p = nkT$ より $n = 3.21 \times 10^{22} \,[1/\text{m}^3]$

【4】 $\dfrac{mv^2}{2} = 10.43 \times 1.6 \times 10^{-19}$ $\therefore \quad v = 1.91 \times 10^6 \,[\text{m/s}]$

【5】 電子の拡散係数 $D_e = \dfrac{kT_e}{e}\mu_e = 1.72 \times 10^6 \,[\text{cm}^2/\text{s}]$

イオンの拡散係数 $D_i = \dfrac{kT_i}{e}\mu_i = 86.2 \,[\text{cm}^2/\text{s}]$

両極性拡散係数 $D_a = \dfrac{kT_e}{e}\mu_i = 1.72 \times 10^3 \,[\text{cm}^2/\text{s}]$

【6】 $R = \dfrac{PV}{T} = (1\,\text{atm} \cdot 22.4\,l/273\,\text{K}) = 0.082 \,\,(\text{atm} \cdot l/\text{K} \cdot モル)$

$1\,\text{atm} = 1\,013 \times 100\,\text{Pa}, \quad 1\,l = 10^{-3}\text{m}^3$

$\therefore \quad R = \dfrac{PV}{T} = 0.802 \times (1\,013 \times 100\,\text{Pa} \cdot 10^{-3}\text{m}^3/273\,\text{K})$

$= 8.31 \,[\text{J}/(モル \cdot \text{K})]$

【7】 $k = \dfrac{8.31}{6.02 \times 10^{23}} = 1.38 \times 10^{-23} \,[\text{J/K}]$

【8】 動いている物体の質量 M，静止している物体の質量を m とする。衝突前の

M の速度を v，m の速度ゼロとする。衝突後の M の速度を v_1，m の速度を v_2 とすると

$$Mv = Mv_1 + mv_2$$

$$Mv^2 = Mv_1^2 + mv_2^2$$

これより v_1 を消去すると

$$\frac{m}{M}v_2^2 - 2\frac{m}{M}v_2 V + \left(\frac{mv_2}{M}\right)^2 = 0$$

となる。

$$\therefore \quad \left\{\frac{m}{M} + \left(\frac{m}{M}\right)^2\right\}v_2^2 - 2\frac{m}{M}v_2 V = 0$$

ここで $M \gg m$ より $(m/M)^2 \fallingdotseq 0$ となる。

$$\therefore \quad \frac{m}{M}v_2^2 - 2\frac{m}{M}v_2 V = 0$$

$$\therefore \quad v_2 = 2V$$

3 章

【1】 $J = AT^2 \exp\left(-\dfrac{e\phi}{kT}\right)$

$$\frac{J_{2\,510}}{J_{2\,500}} = \left(\frac{2\,510}{2\,500}\right)^2 \exp\left(\frac{e\phi}{k}\left(\frac{1}{2\,500} - \frac{1}{2\,510}\right)\right) = 1.008 \times \exp\left(1.59 \times 10^{-6}\frac{e\phi}{k}\right)$$

$$= 1.096$$

したがって 9.6 ％増加する。

【2】 $W = h\nu - e\phi = 6.626 \times 10^{-34}\dfrac{3 \times 10^8}{520 \times 10^{-9}} - 1.6 \times 10^{-19} \times 1.78$

$$= 9.71 \times 10^{-20}\ [\text{J}]$$

$$\therefore \quad v = \sqrt{\frac{2W}{m}} = \sqrt{\frac{2 \times 9.71 \times 10^{-20}}{9.1 \times 10^{-31}}} = 4.6 \times 10^5\ [\text{m/s}]$$

【3】 $J = AT^2 \exp\left(-\dfrac{e\phi}{kT}\right) = 1.2 \times 10^6 \times 1\,000^2 \exp\dfrac{-2e}{1\,000\,k} = 102$

$$I = SJ = 1.02 \times 10^{-2}\ [\text{A}] = 10\ [\text{mA}]$$

$$\therefore \quad \exp\frac{0.44\sqrt{E}}{1\,000} = \frac{100}{10}$$

$$\therefore \quad 4.4 \times 10^{-4}\sqrt{E} = 2.3 \quad \sqrt{E} = 5.23 \times 10^3$$

$$\therefore \quad E = 2.73 \times 10^7\ [\text{V/m}]$$

4 章

【1】 n 個の電子が dx 移動すると，$dn = nadx$ 個の電子をつくる。電極間 d を移

動すると e^{ad} 個の電子をつくり，$n(e^{ad} - 1)$ 個のイオンをつくる。このイオンが陰極にぶつかって，$\gamma n(e^{ad} - 1)$ 個の電子を放出する。これを繰り返すと，放出される全電子数 N は

$$N = n\{1 + \gamma(e^{ad} - 1) + \gamma^2(e^{ad} - 1)^2 + \cdots\}$$

$$= \frac{n}{1 - \gamma(e^{ad} - 1)}$$

$N = \infty$ のときが自続放電開始であるから，分母がゼロ，すなわち次式が成り立つ。

$$1 - \gamma(e^{ad} - 1) = 0$$

【2】 比較的低気圧で短ギャップの場合。

【3】 常圧で長ギャップの場合。

【4】 ギャップにインパルス電圧が印加されてからフラッシオーバに至るまでの時間を指す。これは初期電子の存在確率に依存する統計的遅れと，電子が電離衝突して放電を形成するまでの形成遅れからなる。

【5】 比較的低気圧で短ギャップに平等電界が印加された場合，フラッシオーバ電圧 V_s は電極間距離×ガス圧力（pd）の関数となり，V_s は $(pd)_{\text{min}}$ で最小値をもつ V 曲線になる。その理由は，$pd < (pd)_{\text{min}}$ では電子と気体との衝突回数が pd とともに増加し，電離割合が増加し，絶縁破壊しやすくなり V_s は低下する。$pd > (pd)_{\text{min}}$ では衝突回数がさらに増加し，電子の平均自由行程が短くなり，電子が衝突までに電界より得るエネルギーが小さくなる。そのため電離を引き起こしにくくなり V_s が上昇する。

【6】 電子の質量を m，電荷を e，電界 E とすると電子の加速度は eE/m である。電子が質量 M のイオンに付着すると，電界から受ける力は同じ eE だが，加速度は eE/M で非常に小さくなり，得る運動エネルギーが小さくなるため電離を引き起こしにくくなる。つまり放電しにくくなる。

【7】 式(4.4)両辺の対数をとり，$V_s = Ed$ を代入する。

$$\log_e(\alpha) - \log_e(p) = \log_e(A) - \frac{Bpd}{V_s} \tag{1}$$

また

$$\gamma(e^{ad} - 1) = 1$$

$$e^{ad} = \frac{1}{\gamma + 1}$$

$$\alpha d = \log_e\left(1 + \frac{1}{\gamma}\right)$$

である。さらに対数をとる。

$$\log_e(\alpha) + \log_e(d) = \log_e\left\{\log_e\left(1 + \frac{1}{\gamma}\right)\right\} \qquad (2)$$

式(1)から式(2)を引く。

$$-\log_e(p) - \log_e(d) = \log_e(A) - \frac{Bpd}{V_s}\log_e\left\{\log_e\left(1 + \frac{1}{\gamma}\right)\right\}$$

$$-\log_e(pd) - \log_e(A) + \log_e\left\{\log_e\left(1 + \frac{1}{\gamma}\right)\right\} = -\frac{Bpd}{V_s}$$

$$\log_e\left\{\frac{\log_e\left(1 + \frac{1}{\gamma}\right)}{Apd}\right\} = -\frac{Bpd}{V_s}$$

整理して，次式となる。

$$V_s = B\frac{pd}{\log_e\left\{\dfrac{Apd}{\log_e\left(1 + \dfrac{1}{\gamma}\right)}\right\}}$$

積の対数の性質を利用する。

$$V_s = B\frac{pd}{\log_e\left\{\dfrac{A}{\log_e\left(1 + \dfrac{1}{\gamma}\right)}\right\} + \log_e pd}$$

【8】 式(4.5)を微分して最小値を求めると式(4.6)が導出できる。

5章

【1】 放電管に大きな抵抗成分を直列に挿入する。理由は放電が負性抵抗を有するため。

【2】 $D_a = \dfrac{kT}{e}\mu_i = 0.95 \times 0.14 = 0.132\,[\mathrm{m^2/s}]$

$16 \times 10^{-3} \times \sqrt{\dfrac{\nu}{D_a}} = 2.4$ に D_a を代入する。

$\therefore\quad \nu = 2.97\,\mathrm{kHz}$

【3】 ペニング効果とは「ある気体中に，その気体の準安定準位より少し低い電離電圧の気体を少量入れることで始動電圧が大きく低下すること」をいう。この代表的な組合せに，Ne と Ar，Ar と Hg がある。

6章

【1】 $\lambda_D = 6.9\sqrt{\dfrac{11\,000}{1 \times 10^{11}}} = 2.29 \times 10^{-3}$ 〔cm〕

【2】 $f = 0.897 \times 10^4\sqrt{\dfrac{1}{1 \times 10^{12}}} = 8.97$ 〔GHz〕

【3】 $\omega_{pe} = e\sqrt{\dfrac{n}{m_e \varepsilon_0}}$

$\qquad = 1.6 \times 10^{-19} \times \sqrt{\dfrac{1 \times 10^{18}}{9.1 \times 10^{-31} \times 8.854 \times 10^{-12}}}$

$\qquad = 1.6 \times 10^{-19} \times 3.5 \times 10^{14} \times 10^{15}$

$\qquad = 5.6 \times 10^{10}$

$\therefore \quad f_{pe} = 8.92$ 〔GHz〕

$\quad \omega_{pi} = e\sqrt{\dfrac{n}{m_i \varepsilon_0}} = e\sqrt{\dfrac{n}{m_e \varepsilon_0}} \times \sqrt{\dfrac{m_e}{m_i}}$

$\qquad = 5.6 \times 10^{10} \times \sqrt{\dfrac{1}{40 \times 1\,840}}$

$\qquad = 0.207 \times 10^9$

$\therefore \quad f_{pi} = 33.0$ 〔MHz〕

【4】 外部からプラズマへ電位を有する金属などが挿入されても，そこからデバイ長 λ_D より離れた場所ではその電気的な影響が無視できる。これをデバイ遮へいと呼ぶ。

7章

【1】 一般に電子的破壊と気泡破壊に分類される。実用機器においては不純物の影響を受けやすい（**7.2**節参照）。

【2】 液体中の不純物が高電界により連なり，ギャップ間を縮め絶縁破壊が生じる現象である（**7.3.1**項参照）。

【3】 液体中に気泡が存在するとそれが引き金となって破壊値が低下する。ジュール発熱による気泡や，スペーサ等に残存する気泡が問題となる（**7.2.2**項参照）。

【4】 単位面積当り $p = 50$ ％のとき。

電極面積が 5 倍に増えた P_5 とすると式（*7.4*）より

$P_5 = 1 - (1 - 0.5)^5 = 0.97$

不純物が原因で破壊する確率は 97 ％に増加する。

【5】 液体の輸送やフィルタを介した濾過，実用機器への液体注入時における摩擦等が原因で，液体が帯電する現象。

【6】 低電界領域：オームの法則に従い，印加電界に応じた電流が流れる。

飽和領域：単位時間に発生したイオンがすべて電極に達し，液体中のイオン密度が一定に保たれる。

高電界領域：電荷密度が高くなるため電流も急激に増加する。おもな原因として，電極からの電子注入と液体中での電荷粒子の発生が考えられる。

8章

【1】 荷電粒子がイオンまたは電子によって区別される（**8.1.1, 8.1.2**項参照）。伝導のメカニズムから，一般に固体絶縁材料におけるイオン性伝導は低電界の電気伝導機構，電子性伝導は高電界の電気伝導機構と考えられる。

【2】 固体絶縁は破壊電界が高いため，試験試料と電極形状によっては固体の破壊が生じる前に，他の場所で破壊が生じる可能性がある。固体部分で破壊が生じる試料の製作が必要となる（**8.5.4**項参照）。

【3】 固体絶縁の場合試料内に局所的に蓄積した電荷の総称をいう。破壊に与える影響を考慮する場合，電荷の極性や空間電荷の振舞によってホモ空間電荷とヘテロ空間電荷に分類する。

【4】 高分子の温度による状態変化に伴って破壊メカニズムも異なる（**8.5.5**項参照）。

【5】 固体内の電子が破壊のおもな原因となる。電界が高くなるにつれ電流密度が増加する。固体そのもののエネルギー平衡条件から破壊が引き起こされる ① 真性破壊と，② 気体放電と同様に電離エネルギーを得ることで破壊が生じる，電子なだれ破壊に大別される。

【6】 電界から与えられるエネルギーによりジュール発熱や誘電体損失が発生し，温度が固体の融点に達したとき固体構造が破壊する現象として，電極からの電子注入と液体中での電荷粒子の発生が考えられる。

【7】 誘電体損失は一般的に $w_d = wCV^2 \tan \delta$ で表される。ここで，各相当り $V = 275 \div \sqrt{3}$ kV，$\tan \delta = 0.5\%$ である。同軸円筒電極間の C（1 km 当り）は

$$C = \frac{2\pi\varepsilon \times l}{\log\left(\frac{r_2}{r_1}\right)} = \frac{2\pi \times 8.85 \times 10^{-12} \times 3.5 \times 1\,000}{\log\left(\frac{40}{20}\right)}$$

$$\fallingdotseq 2.81 \times 10^{-7}\,\text{F/km}$$

$f = 50$ Hz の場合

$$w_d = 2\pi \times 50 \times 2.81 \times 10^{-7} \times \left(\frac{275}{\sqrt{3}} \times 10^3\right)^2 \times 0.003$$

$$= 6.67 \text{ kW} \qquad 各相 1 \text{ kW 当り}$$

$f = 60 \text{ Hz}$ の場合

$$w_d = 8.01 \text{ kW} \qquad 各相 1 \text{ kW 当り}$$

【8】 厚さ 1 mm の場合，約 60 kV で破壊されたので，$60 = A \times 1^n$ より，$A = 60$ となる。同様に，2 mm の場合，約 80 kV で破壊されたので，$80 = A \times 2^n$ より，$A = 60$ を代入し，n について整理すると

$$2^n = \frac{4}{3}$$

$$n = \log_2 \frac{4}{3} = \log_2 4 - \log_2 3 = 2 - \log_2 3 = 0.41$$

以上より，$V_s = 60d^{0.41}$

9章

【1】 式 (9.1) の導出過程参照。

【2】 複合誘電体の電界分布が異なるため，絶縁耐力の弱い個所で局所的な破壊が生じる場合がある（**9.1** 節参照）。対策として弱点部をつくらない設計を行う。現状の電力機器の構造を調べ理解すること。

【3】 外部電圧は低くても，部分放電やトリーイングが発生することによって局所的な高電界部分が生じ，固体絶縁の劣化が加速される（**9.2**，**9.3** 節参照）。

【4】 一般に気体の誘電率は固体に比べ小さいことから分圧によって比較的高い電圧が気体に加わる。さらに，気体の絶縁破壊電圧は固体に比べ著しく低いため気体で満たされたボイドは放電が発生しやすい。

【5】 複合系の界面における放電を沿面放電という。界面の電界分布によって放電が伸びやすい場合もあるため注意が必要である。

【6】 式 (9.2) より，$E_1 = 48 \text{ V/cm}$，$E_2 = 10 \text{ V/cm}$

【7】 おもに固体絶縁物の表面で起こり，複合絶縁体の境界面に炭化導電路（track）が形成される現象。

【8】 電極間の電位差 V は

$$V = E_1 t_1 + E_2 t_2 = \sigma \left(\frac{t_1}{\varepsilon_1} + \frac{t_2}{\varepsilon_2} \right) = \sigma \frac{t_1 \varepsilon_2 + t_2 \varepsilon_1}{\varepsilon_1 \varepsilon_2}$$

よって，電荷密度 σ は，以下のように求められる。

$$\sigma = \frac{\varepsilon_1 \varepsilon_2}{t_1 \varepsilon_2 + t_2 \varepsilon_1} V, \qquad E_1 = \frac{\varepsilon_2 V}{t_1 \varepsilon_2 + t_2 \varepsilon_1}, \qquad E_2 = \frac{\varepsilon_1 V}{t_1 \varepsilon_2 + t_2 \varepsilon_1}$$

この式に $\varepsilon_1 = 1.0$（空気中の比誘電率），$t_1 = 0.03 \text{ cm}$，$\varepsilon_2 = 2.5$，$t_2 = 0.97 \text{ cm}$ を代入する。

$$E_1 = \frac{2.5 \times 30}{0.03 \times 2.5 + 0.97 \times 1.0} = 72\,\text{kV/cm}$$

$$E_2 = \frac{1.0 \times 30}{0.03 \times 2.5 + 0.97 \times 1.0} = 29\,\text{kV/cm}$$

10章

【1】 $W = U + jV$, $z = x + jy$ なる W 平面と z 平面に対して，$z = W + e^W$ の変換を考えると $e^W = e^{U+jV} = e^U(\cos V + j\sin V)$ となる。よって，$x = U + e^U\cos V$，$y = V + e^U\sin V$ が得られるので $-\pi \leqq V \leqq \pi$ に対して，U を $-\infty$ から $+\infty$ まで移動させたときの (x, y) のプロットが平行平板コンデンサ端の電位分布を与える。

【2】 円筒座標上に z 軸を中心とする半径 a のリング電荷が，$z = d$ の位置に $z = 0$ 面と平行に存在する場合，点 (r, z) の電位 V は次式で表せる。ただし，リング電荷を Q_R とする。

$$V = \frac{Q_R}{4\pi^2\varepsilon_0}\left\{\frac{K(k_1)}{\sqrt{(r+a)^2+(z-d)^2}} - \frac{K(k_2)}{\sqrt{(r+a)^2+(z+d)^2}}\right\}$$

ここで

$$k_1 = \sqrt{\frac{4ra}{(r+a)^2+(z-d)^2}}, \quad k_2 = \sqrt{\frac{4ra}{(r+a)^2+(z+d)^2}}$$

であり，$K(k)$ は，第一種完全だ円関数である。

【3】 $$\begin{bmatrix} 1 & x_1 & y_1 \\ 1 & x_2 & y_2 \\ 1 & x_3 & y_3 \end{bmatrix}^{-1} = \frac{1}{D}\begin{bmatrix} x_2y_3 - x_3y_2 & y_2 - y_3 & x_3 - x_2 \\ x_3y_1 - x_1y_3 & y_3 - y_1 & x_1 - x_3 \\ x_1y_2 - x_2y_1 & y_1 - y_2 & x_2 - x_1 \end{bmatrix}, \quad D = \begin{vmatrix} 1 & x_1 & y_1 \\ 1 & x_2 & y_2 \\ 1 & x_3 & y_3 \end{vmatrix}$$

【4】 式(10.15)に式(10.1)を適用すると要素内の電界は，次式となる。

$$\begin{Bmatrix} E_x \\ E_y \end{Bmatrix} = \begin{Bmatrix} -\dfrac{\partial V}{\partial x} \\ -\dfrac{\partial V}{\partial y} \end{Bmatrix} = -\frac{1}{D}\begin{Bmatrix} y_2 - y_3 & y_3 - y_1 & y_1 - y_2 \\ x_3 - x_2 & x_1 - x_3 & x_2 - x_1 \end{Bmatrix}\begin{Bmatrix} V_1 \\ V_2 \\ V_3 \end{Bmatrix}$$

ただし，D は前問と同様である。

【5】 単位長さ当りの線電荷密度を ρ とすると，電界 E_1 および E_2 は次式で表せる。

$$E_1 = \frac{\rho}{2\pi\varepsilon_1 r}, \quad E_2 = \frac{\rho}{2\pi\varepsilon_2 r}$$

ここで，電極間電圧が V だから

$$V = -\int_c^b E_2 dr - \int_b^a E_1 dr$$

より，ρ を V で表し，前出の E_1, E_2 に代入すると得られる。

【6】　**10.2.2** 項参照。

【7】　内外導体間の r の点の電束密度 D は

$$D = \frac{\rho}{2\pi r}$$

単位長さ当りの電荷を ρ として，誘電率 ε_1 と ε_2 の絶縁体中の半径 r の点の電界をそれぞれ E_1 および E_2 とすると，次式で表せる。

$$E_1 = \frac{\rho}{2\pi\varepsilon_1 r}, \qquad E_2 = \frac{\rho}{2\pi\varepsilon_2 r}$$

ここで，電界 E_1 は $r = a$，E_2 は $r = b$ でそれぞれ最大となる。それぞれの最大値を等しくするためには

$$\frac{b}{a} = \frac{\varepsilon_1}{\varepsilon_2}$$

とすればよい。

11章

【1】　電力用変圧器と比較して整理するとよい（**11.1** 節参照）。

【2】　縦続接続を行うと比較的安価に高電圧の発生が可能となる。図 **11.1** の高電圧側にもう一台変圧器 T_3 をおき，T_3 の入力を T_2 と同様にする。絶縁はそれぞれ，出力電圧 V の 1/3 に耐えればよい。

【3】　気体におけるコロナ放電を発生させない工夫が必要である。気体では式(**11.6**)より半径 40 cm 以上の球電極が必要となる。

【4】　図 **11.6** および式(**11.17**)参照。波頭長の考え方が重要である。

【5】　図 **11.19** を参考に，式(**11.6**)に値を代入し求める。

【6】　C_0 の電荷を q_0 とする。

$$R_0 i_2 = \frac{q_0}{C_0}$$

となり，この両辺を微分すると

$$R_0 \frac{di_2}{dt} = \frac{1}{C_0} i_1$$

$$i_1 = R_0 C_0 \frac{di_2}{dt}$$

となり，さらに微分すると

$$\frac{di_1}{dt} = R_0 C_0 \frac{d^2 i_2}{dt^2}$$

図 **11.12** より

$$L\frac{d(i_1 + i_2)}{dt} + R(i_1 + i_2) + R_0 i_2 = V$$

となり，i を消去すると

$$L\left(R_0 C_0 \frac{d^2 i_2}{dt^2} + \frac{di_2}{dt}\right) + R\left(R_0 C_0 \frac{di_2}{dt} + i_2\right) + R_0 i_2 = V$$

$$L R_0 C_0 \frac{d^2 i_2}{dt^2} + (L + R R_0 C_0)\frac{di_2}{dt} + (R + R_0) i_2 = V$$

よって，非振動の条件は，以下となる。

$$(L + R R_0 C_0)^2 - 4 L R_0 C_0 (R + R_0) \geqq 0$$

【7】 図 **11.13** において，放電電流を i とすれば

$$L\frac{di}{dt} + Ri = \frac{q}{C}, \qquad i = \frac{dq}{dt}$$

よって

$$L\frac{d^2 q}{dt^2} + i\frac{dq}{dt} + \frac{q}{C} = 0 \tag{1}$$

となる。

図 **11.14** において，$t \geqq 0$ に対しては

$$L\frac{di}{dt} + Ri + \frac{1}{C}\int i\,dt = V$$

となる。ここで

$$Q = \int i\,dt, \qquad i = \frac{dq}{dt}$$

であるため

$$\frac{d^2 q}{dt^2} + \frac{R}{L}\frac{dq}{dt} + \frac{q}{LC} = \frac{V}{L}$$

過渡解 qt は，右辺 $= 0$ とおいた同次式の解

$$\frac{d^2 q}{dt^2} + \frac{R}{L}\frac{dq}{dt} + \frac{q}{LC} = 0 \tag{2}$$

である。よって，式(1)と式(2)が等しいといえる。

12章

【1】 コンデンサに働く力を利用するものである。平行な二つの板電極からなるコンデンサに電圧 V が印加されたとき，その電極間を d，静電容量を C とすると，電極間に働く力 F は次式で示される。

$$F = \frac{1}{2}QE = \frac{1}{2}CV\cdot\frac{V}{d} = \frac{1}{2}C\frac{V^2}{d}$$

これより電極に働く力は電極に印加される電圧の 2 乗に比例する。このことは電極間に働く引力の平方根が印加電圧の実効値に比例することを意味している。これを利用したのが静電電圧計である。

【2】 抵抗分圧器は消費電力が大きいこと，遮断が面倒なこと，位相誤差が大きくなる，という理由で電圧が高くなるほどキャパシタ分圧器が使用される。

【3】 ロゴウスキコイルは電磁誘導作用を利用した交流（インパルス）電流測定器である。導線に I が流れたとき，その周りのコイルに起電力 V_i が発生し，そこに積分回路を接続すると電流 i が流れる導線とコイルとの相互インダクタンスを M とすると

$$V_i(t) = -M\frac{dI}{dt}, \quad V_i(t) = Ri + \frac{1}{C}\int i\,dt,$$

ここで RC を大きくすると式 (12.1)，式 (12.2) より

$$i = -\frac{M}{R}\cdot\frac{dI}{dt}$$

$$\therefore \quad V_0(t) = \frac{1}{C}\int i\,dt = -\frac{M}{RC}I$$

となり，出力電圧 V_0 と導線を流れる電流 I は比例する。

【4】 球ギャップの表面が汚れているとフラッシオーバ電圧が低下するので，研磨液やアルコールで表面を輝くように磨く必要がある。これを清浄処理と呼ぶ。金属電極への吸着ガスや，見えにくい汚れなどが存在するとフラッシオーバ電圧が低下する。これを防ぐために測定する電圧より少し低めの電圧，少し短めのギャップでフラッシオーバさせ，その電圧が一定になるまで繰り返しフラッシオーバさせる。これを予備フラッシオーバと呼ぶ。

【5】 図 **12.3** の回路中で，Z は計器と計器用変圧器からなるインピーダンスである。高圧線の電圧の角周波数を ω とすると

$$\frac{V_1}{V_2} = \frac{C_1 + C_2}{C_1} + \frac{1 - \omega^2 L(C_1 + C_2)}{j\omega C_1 Z}$$

であり，$L = 1/\omega^2(C_1 + C_2)$ とすると，$V_1/V_2 = (C_1 + C_2)/C_1$ となる。

【6】 C_2 を流れる電流を I_1，L と Z を流れる電流を I_2 とすると

$$V_1 = \frac{I_1 + I_2}{j\omega C_1}, \quad V_2 = \frac{I_1}{j\omega C_2} = j\omega(L + Z)I_2$$

が成り立つ。これより，I_1，I_2 を消去すればよい。

【7】 式 (12.3) より $\delta = 0.726$ が求まる。表 **12.1** より換算すると，補正係数 k は $k = 0.746$

$$\therefore \quad V = 0.746 \times 30.3 = 22.6\,[\text{kV}]$$

【8】　$\dfrac{1}{Y_1} = j\dfrac{1}{\omega C_1}$,　　$\dfrac{1}{Y_2} = j\dfrac{1}{\omega C_2}$,　　$j\omega L = Z_L$

とすれば，C_1 を流れる I_1 電流は

$$I_1 = \dfrac{V_1}{\dfrac{1}{Y_1} + \dfrac{1}{Y_2 + \dfrac{1}{Z_L + Z}}} = \dfrac{V_1}{\dfrac{1}{Y_1} + \dfrac{Z_L + Z}{Y_2(Z_L + Z) + 1}}$$

$$= \dfrac{Y_1(Y_2(Z_L + Z) + 1)V_1}{Y_2(Z_L + Z) + 1 + Y_1(Z_L + Z)} = \dfrac{Y_1\{1 + Y_2(Z_L + Z)\}V_1}{1 + (Y_1 + Y_2)(Z_L + Z)}$$

負荷 Z に流れる電流 I は

$$I = I_1 \dfrac{\dfrac{1}{Z_L + Z}}{Y_2 + \dfrac{1}{Z_L + Z}} = \dfrac{Y_1}{1 + (Y_1 + Y_2)(Z_L + Z)}$$

$$V_2 = I \cdot Z = \dfrac{Y_1 Z V_1}{1 + (Y_1 + Y_2)(Z_L + Z)} = \dfrac{Y_1}{Y_1 + Y_2} V_1 \dfrac{Z}{\dfrac{1}{Y_1 + Y_2} + (Z_L + Z)}$$

ここで

$$\dfrac{Y_1}{Y_1 + Y_2} = \dfrac{C_1}{C_1 + C_2}$$

$$\dfrac{Z}{\dfrac{1}{Y_1 + Y_2} + Z_L + Z} = \dfrac{Z}{j\dfrac{1}{\omega(C_1 + C_2)} + j\omega L + Z}$$

$$\omega L = \dfrac{1}{\omega(C_1 + C_2)}$$

の共振状態とすれば

$$V_2 = \dfrac{1}{C_1 + C_2} V_1$$

となり，Z に無関係となる。

【9】　$(n-1)$個の直列接続の合成容量は

$$C_1 = \dfrac{C}{n-1}$$

であり，C と C_0 の合成容量は $C_2 = C + C_0$ である。このとき，電圧と容量の間には以下の関係がある。

$$C_2 v = C_1(V - v)$$

$$V = \left(\dfrac{C_2}{C_1} + 1\right)$$

ここで

$$\frac{C_2}{C_1} + 1 = \frac{C + C_0}{\dfrac{C}{n-1}} + 1 = n + \frac{C_0}{C}(n-1)$$

である。よって

$$V = \left\{ n + \frac{C_0}{C}(n-1) \right\} v$$

となる。

13章

【1】 *13.1.1* 項参照。

【2】 *13.2.3* 項参照。

【3】 *13.7* 節参照。

【4】 *13.8* 節参照。

【5】 *13.9* 節参照。

【6】 がいしに加わる電圧は

$$v_i = \frac{Z}{Z + 2R} I (1 - C_f)$$

とされている。

$$R = \left\{ \frac{Z}{v_i} I (1 - C_f) - Z \right\} \times \frac{1}{2}$$

$$= \left\{ \frac{1}{945 \times 10^3}(1 - 0.2) - 1 \right\} \times \frac{500}{2} \fallingdotseq 31.7 \, \text{k}\Omega$$

31.7 kΩ より小さくする必要がある。

【7】 各コンデンサに加わる電圧のつぎのようになる。

$$V_1 = \frac{Q}{C}, \qquad V_2 = \frac{Q}{3C}, \qquad V_3 = \frac{Q}{5C}$$

両端の電圧 $V = V_1 + V_2 + V_3$ である。よって

$$V_1 = \frac{1}{1 + \dfrac{1}{3} + \dfrac{1}{5}} = \frac{15}{23} V, \qquad V_2 = \frac{\dfrac{1}{3}}{1 + \dfrac{1}{3} + \dfrac{1}{5}} = \frac{5}{23} V,$$

$$V_3 = \frac{\dfrac{1}{5}}{1 + \dfrac{1}{3} + \dfrac{1}{5}} = \frac{3}{23} V$$

となる。誘電体の厚さ d はすべて同じであるため，各コンデンサ間の電界は

$$E_1 = \frac{15V}{23d}, \qquad E_2 = \frac{5V}{23d}, \qquad E_3 = \frac{3V}{23d}$$

である。誘電体の絶縁耐力は等しいので，最初に電界が最も大きい容量 C のコンデンサが破壊される。

【8】 （1） 内外導体間に半径 r，微小厚さ dr の同心円筒を考える。解図 **13.1** のように同心円筒を切り開いて考えると，円筒半径方向の抵抗 dR は

$$dR = \rho \cdot \frac{dr}{2\pi rl}$$

である。よって内外導体間全体は

$$R = \int_a^b dR = \frac{\rho}{2\pi l} \int_a^b \frac{1}{r} dr = \frac{\rho}{2\pi l} \log \frac{b}{a}$$

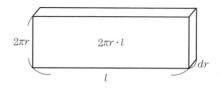

解図 **13.1**

（2） $C = \dfrac{2\pi\varepsilon_0\varepsilon_s}{\log\dfrac{b}{a}}l$

より

$$\varepsilon_s = \frac{\log\dfrac{b}{a}}{2\pi\varepsilon_0 l}$$

となり，$CR = \varepsilon\rho$ より

$$\rho = \frac{CR}{\varepsilon} = \frac{\dfrac{2\pi\varepsilon_0\varepsilon_s l}{\log\dfrac{b}{a}}R}{\varepsilon_0\varepsilon_s} = \frac{2\pi lR}{\log\dfrac{b}{a}}$$

14 章

【1】 **14.2.2** 項参照。

【2】 S が R および R_0 に比べてはるかに小さい値とすると，振れ θ は電流に比例するから以下の式が成り立つ。

$$\theta \infty \frac{V}{R_0 + R} \cdot \frac{1}{n}, \quad \theta_0 \infty \frac{V}{R_0} \cdot \frac{1}{n_0}$$

この 2 式より導出できる。

【3】 平衡条件より，対辺のインピーダンスの積が等しいとおき，まとめると次式を得る。

$$\omega C_x R_3 + j\omega^2 C_x R_3 R_4 C_4 = \omega C_2 R_4 + j\omega^2 C_2 R_4 R_x C_x$$

実数，虚数をそれぞれ比べて式(14.5)を得る。

【4】 $\tan \delta = \dfrac{R_x}{1/\omega C_x} = \omega R_x C_x$

これに式(14.5)を代入すると式(14.6)を得る。

【5】 *14.4.2* 項参照。

15 章

【1】 *15.1.1* 項参照。

【2】 ローレンツ力 $F_L = qvB$，円運動の遠心力 $F_c = mv^2/r$，　$F_L = F_c$ より式(15.1)が導かれる。式(15.2)は，$T = 1/n$, $v = 2\pi rn$ より $T = 2\pi r/v$，これに式(15.1)を代入して得られる。

【3】 1.42×10^{-4} 〔m〕

【4】 コロナ放電下において良導体は静電誘導により不良導体と異符号の電荷が帯電することを利用して選別する。例えば**解図 15.1** のように金属円筒上に良

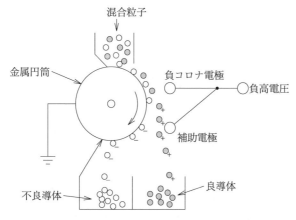

解図 15.1 静 電 選 別

　　導体と不良導体の混合粒子を供給して，負コロナ放電の下を通すと不良導体は負に帯電し，良導体は静電誘導により正に帯電する。その近くに設けられた負の補助電極によって良導体は引き寄せられ，負に帯電した不良導体は円筒電極に付着したままになるので，それぞれのストッカーに選別される。

【5】　*15.3.1* 項参照。

索　　引

—— 著 者 略 歴 ——

植月　唯夫（うえつき　ただお）

1982 年　静岡大学大学院工学研究科
　　　　　修士課程修了（電気工学専攻）
1982 年　松下電工（現パナソニック）株式会
　　　　　社勤務
2001 年　博士（工学）（九州大学）
2002 年　津山工業高等専門学校教授
2011 年　照明学会論文賞受賞
2016 年　照明学会功労賞受賞
2019 年　津山工業高等専門学校名誉教授

箕田　充志（みのだ　あつし）

1993 年　豊橋技術科学大学工学部電気・電子
　　　　　工学課程卒業
1995 年　豊橋技術科学大学大学院工学研究科
　　　　　修士課程修了（電気・電子工学専攻）
1998 年　豊橋技術科学大学大学院工学研究科
　　　　　博士課程修了（電子・情報工学専攻）
　　　　　博士（工学）
1998 年　松江工業高等専門学校講師
2001 年　松江工業高等専門学校助教授
2007 年　松江工業高等専門学校准教授
2013 年　松江工業高等専門学校教授
　　　　　現在に至る

石倉　規雄（いしくら　のりお）

2007 年　松江工業高等専門学校専攻科修了
　　　　　（電子情報システム工学専攻）
2009 年　山口大学大学院理工学研究科博士
　　　　　前期課程修了（電子情報システム
　　　　　工学専攻）
2009 年　横河電機株式会社勤務
2011 年　山口大学大学院理工学研究科博士
　　　　　後期課程修了（情報・デザイン工学
　　　　　系専攻）
　　　　　博士（工学）
2013 年　米子工業高等専門学校助教
2020 年　米子工業高等専門学校准教授
　　　　　現在に至る

松原　孝史（まつばら　たかし）

1976 年　岡山大学工学部電気工学科卒業
1976 年　米子工業高等専門学校助手
1985 年　米子工業高等専門学校講師
1987 年　米子工業高等専門学校助教授
1997 年　博士（工学）（岡山大学）
1998 年　米子工業高等専門学校教授
2016 年　米子工業高等専門学校名誉教授

高電圧工学（改訂版）
High Voltage Engineering（Revised Edition）

© Uetsuki, Minoda, Ishikura, Matsubara, 2006, 2024

2006 年 2 月 28 日　初版第 1 刷発行
2024 年 4 月 25 日　初版第 9 刷発行（改訂版）

検印省略	著　　者	植　月　唯　夫
		箕　田　充　志
		石　倉　規　雄
		松　原　孝　史
	発 行 者	株式会社　コ ロ ナ 社
	代 表 者	牛　来　真　也
	印 刷 所	壮 光 舎 印 刷 株 式 会 社
	製 本 所	株式会社　グ リ ー ン

112-0011　東京都文京区千石4-46-10
発 行 所　株式会社 コ ロ ナ 社
CORONA PUBLISHING CO., LTD.
Tokyo Japan
振替00140-8-14844・電話(03)3941-3131(代)
ホームページ　https://www.coronasha.co.jp

ISBN 978-4-339-01218-7　C3354　Printed in Japan　　　　　　（大井）

大学講義シリーズ

(各巻A5判，欠番は品切または未発行です)

定価は本体価格＋税です。
定価は変更されることがありますのでご了承下さい。

図書目録進呈◆

電子情報通信レクチャーシリーズ

（各巻B5判，欠番は品切または未発行です）

■電子情報通信学会編

定価は本体価格+税です。
定価は変更されることがありますのでご了承下さい。

||||||||||||||||||||||||||||||| 図書目録進呈◆

電気・電子系教科書シリーズ

(各巻A5判)

■編集委員長　高橋　寛
■幹　事　湯田幸八
■編集委員　江間　敏・竹下鉄夫・多田泰芳・中澤達夫・西山明彦

定価は本体価格+税です。

定価は変更されることがありますのでご了承下さい。

図書目録進呈◆